David Weiß

Windkraft im Wald

David Weiß

Windkraft im Wald

Befragung zu Einstellungen, Wahrnehmungen und Akzeptanz

AV Akademikerverlag

Impressum / Imprint

Bibliografische Information der Deutschen Nationalbibliothek: Die Deutsche Nationalbibliothek verzeichnet diese Publikation in der Deutschen Nationalbibliografie; detaillierte bibliografische Daten sind im Internet über http://dnb.d-nb.de abrufbar.
Alle in diesem Buch genannten Marken und Produktnamen unterliegen warenzeichen-, marken- oder patentrechtlichem Schutz bzw. sind Warenzeichen oder eingetragene Warenzeichen der jeweiligen Inhaber. Die Wiedergabe von Marken, Produktnamen, Gebrauchsnamen, Handelsnamen, Warenbezeichnungen u.s.w. in diesem Werk berechtigt auch ohne besondere Kennzeichnung nicht zu der Annahme, dass solche Namen im Sinne der Warenzeichen- und Markenschutzgesetzgebung als frei zu betrachten wären und daher von jedermann benutzt werden dürften.

Bibliographic information published by the Deutsche Nationalbibliothek: The Deutsche Nationalbibliothek lists this publication in the Deutsche Nationalbibliografie; detailed bibliographic data are available in the Internet at http://dnb.d-nb.de.
Any brand names and product names mentioned in this book are subject to trademark, brand or patent protection and are trademarks or registered trademarks of their respective holders. The use of brand names, product names, common names, trade names, product descriptions etc. even without a particular marking in this work is in no way to be construed to mean that such names may be regarded as unrestricted in respect of trademark and brand protection legislation and could thus be used by anyone.

Coverbild / Cover image: www.ingimage.com

Verlag / Publisher:
AV Akademikerverlag
ist ein Imprint der / is a trademark of
OmniScriptum GmbH & Co. KG
Heinrich-Böcking-Str. 6-8, 66121 Saarbrücken, Deutschland / Germany
Email: info@akademikerverlag.de

Herstellung: siehe letzte Seite /
Printed at: see last page
ISBN: 978-3-639-49386-3

Dank an

Johan Köppel und Holger Ohlenburg
für die Betreuung

Manuela Weiß, Stefan Weiß, Ursula Weiß und Bernhard Zipp
für die Unterstützung

Caspar David Friedrich:
Der Chasseur im Walde, 1814

Waldeinsamkeit
Mich wieder freut,
Mir geschieht kein Leid,
Hier wohnt kein Neid
Von neuem mich freut
Waldeinsamkeit.

Ludwig Tieck, 1797

1_Einführung

Abb. 2 Stills aus der Eröffnungssequenz der ARD-Serie Mord mit Aussicht (ARD, 2014)

In der ARD-Serie Mord mit Aussicht wird Hauptkommissarin Sophie Haas aus der Großstadt Köln in das fiktive Eifeldorf Hengasch versetzt. Dort im tiefsten Nordrhein-Westfalen ist die Welt scheinbar noch in Ordnung. Die Provenzialität wird unterstrichen von der urigen Dorfkneipe und der obligatorischen Schafherde, die gerne mal den Verkehr auf der Landstraße lahmlegt. In der Titelsequenz der beliebten Serie sind neben den besagten Schafen auch diverse Aufnahmen in dichten Wäldern und Fichtenforsten zu sehen, Fachwerkhäuschen und Kirchtürme, bewaldete Hügel und Wiesen: Eine typische, deutsche (überzeichnete) Mittelgebirgslandschaft. Mit von der Partie: Windräder. Die drehen sich gleich zu Beginn der Sequenz hinter dem Kirchturm des Ortes.

In der Serie gehören die Windkraftanlagen bereits zum alltäglichen Bild und tatschlich drehen sich in der Eifel besonders viele der bis zu 200m hohen Anlagen mit Hilfe des Windes, der in Höhenlagen bekanntlich besonders stark weht. Das Thema Windkraft ist spätestens seit Fukushima und dem darauffolgenden Atomausstieg 2011 auch in den süddeutschen Bundesländern in aller Munde. Soll die Energiewende gelingen, gibt aber auch einen gewissen Aufholbedarf. So lag der Anteil der Windkraft an der Brutto-Stromerzeugung 2012 in Nordrhein-Westfalen bei 2,7%, in Baden-Württemberg bei 1,1% und in Bayern bei 1,2% (In Schleswig-Holstein und Mecklenburg-Vorpommern liegen die Werte bei über 25%, in Rheinland-Pfalz bei 15%) (Agentur für Erneuerbare Energien: 2014). In den süddeutschen, lange von der CDU regierten, Ländern tat man sich generell schwer mit dem Ausbau der Windenergie. Allerdings ist die Energiewende mittlerweile auch hier politischer und gesellschaftlicher Konsens. Das Land Hessen will den Anteil des Stroms aus Wind (2011 4,6%) (ebd.) verdreifachen (Regierungspräsidium Gießen: 2014) Im waldreichen Bundesland ist geplant 80% der Windkraftanlagen in Waldgebieten zu errichten (ebd.). Häufig sind diese Gebiete aber auch Schwerpunkte der landschaftsgebundenen Erholung. Das Bundesamt für Naturschutz (BfN) schreibt dazu im Positionspapier Windkraft über Wald: "Die Möglichkeiten der Naturbeobachtung und -erfahrung werden insbesondere bei Errichtung von WEA über Wald an visuell exponierten Standorten, wie z.B. in Kuppenlagen oder an Waldrändern, beeinträchtigt. Durch akustische und optische Wirkungen von WEA (Schattenwurf, Schallemissionen, Hinderniskennzeichnungen, Befeuerung) werden die Möglichkeiten der Erholung und der Naturerfahrung in Wäldern eingeschränkt, obwohl ihnen hierfür ein besonders hoher Stellenwert zukommt" (Bundesamt für Naturschutz: 2011). Dem BfN zu Folge besteht ein "drängender Forschungsbedarf zu den Auswirkungen von Windenergieanlagen auf das Landschaftsbild, auf die Naturerfahrung, auf die Erholungsvorsorge und auf die generell Akzeptanz in der Bevölkerung" (ebd.)

In der Öffentlichkeit polarisiert das Thema. Der Deutsche Tourismus Verband (DTV) beklagt, dass "die Konzentration von Windenergieanlagen (...) die touristischen Potenziale und den hohen Erholungswert vieler gewachsener Kulturlandschaften" (DTV, 2014) beeinträchtigen könnte. Die Hochschwarzwald Tourismus GmbH (HSchwT Gmbh) hält eine "Umsetzung der Windenergie in sensiblen Höhenlagen des Hochschwarzwaldes" für "nicht denkbar" (HSchwT Gmbh, 2014). Viele Bürgerinitiativen versuchen den Bau einzelner Windparks zu verhindern. Der Verein *Rettet den Taunuskamm* engagiert sich gegen den Bau von Windkraftanlagen nahe der Stadt Wiesbaden und bezeichnet den geplanten Windpark als "nichts anderes als eine Industrieanlage", durch welche der "Erholungswert des Waldes durch Lärm und Unruhe gemindert (werde)" (Rettet den Taunuskamm e.V 2014).

Dem gegenüber steht die Meinung, dass Windkraftanlagen keine Effekte auf Tourismus und Erholung haben. Verwiesen wird in diesem Zusammenhang auf Akzeptanzstudien aus norddeutschen Urlaubsregionen, häufig auf die Studie Einflussanalyse Erneuerbare Energien und Tourismus in Schleswig-Holstein aus dem Jahr 2003, welche 2014 erneut durchgeführt wurde (vgl. 4_3.). Gelegentlich wird auch die Meinung vertreten, dass Windkraftanlagen positive Effekte auf die Erholung haben könnten. Der Bundesverband Windenergie (BWE) sieht in Windkraftanlagen "sichtbare Zeichen des Klimaschutzes und des ökologischen Fortschritts" und attestiert Tourismusregionen "einen messbaren Imagegewinn, da es die meisten Urlauber befürworten, wenn ihr Ferienort aktiven Umweltschutz betreibt" (BWE, 2014).

Der voranschreitende Ausbau der Windkraft in den waldreichen Bundesländern und die weitesgehend offene Frage nach den Auswirkungen auf die Erholungsfunktion von Landschaft sind Anlass für die vorliegende Arbeit. Im Rahmen einer Akzeptanzbefragung wurde geprüft, welche Rolle der Wald für Erholungssuchende spielt, wie sie zur Windkraft generell stehen und inwiefern sie sich von Windkraftanlagen im Wald gestört fühlen.

Erläutert werden Position von Akteuren und Betroffenen, der aktuelle Stand der Forschung zu dem Thema, die Methodik der Arbeit und die Ergebnisse der Befragung. Abschließend werden auf Grundlage der Auswertungen einige Punkte diskutiert.

1_1_1 Positionen: Windkraft schadet der Erholung

"Die Konzentration von Windenergieanlagen beeinträchtigt die touristischen Potenziale und den hohen Erholungswert vieler gewachsener Kulturlandschaften."	Deutscher Tourismus Verband
Ein Windpark ist nichts anderes als eine Industrieanlage, Zufahrten für Großtransporter sind notwendig, es müssen große Mengen von Bäumen gefällt werden, die geschützte Tierwelt wird beeinträchtigt, der Erholungswert des Waldes durch Lärm und Unruhe gemindert.	Rettet den Taunuskamm e.V.
Eine Umsetzung der Windenergie in sensiblen Höhenlagen des Hochschwarzwaldes (ist) nicht denkbar. Urlauber, die zu uns in den Hochschwarzwald kommen, verlassen ihre von Industrialisierung, Kommerzialisierung und Technologisierung geprägten bzw. vereinnahmten Wohnorte, um bei uns die Ruhe und Erholung in einem heilen Landschaftsbild - also Urlaub für alle Sinne - zu erleben.	Hochschwarzwald Tourismus GmbH
Dass sich der Wanderer im Schatten von dreizehn Windrädern in direkter Nähe (..) auch in Zukunft unbeschwert, leicht und frei fühlen wird, kann ausgeschlossen werden	Oscar Lafontaine

Wanderer contra Windkraft

Nordhessen-Touristiker: Gäste bleiben bei „Verspargelung" der Landschaft weg

■ **Kassel.** Energiewende ja, aber die Belange des Tourismus nicht aus den Augen verlieren. Das ist das Fazit aus der Sitzung des Tourismusbeirats der GrimmHeimat Nordhessen. Besonders warnen die Touri-Experten vor einer „Verspargelung" der Landschaft durch Windenergieanlagen. In einer Stellungnahme heißt es: „Der Tourismusbeirat vertritt grundsätzlich die schaft und Wasser sowie Siedlungsgebieten zu berücksichtigen. Dabei vermisst der Tourismusbeirat jedoch die Belange des Tourismus' in den aktuellen Planungen: 7,4 Millionen Übernachtungen und ca. 50 Millionen Tagesgäste stehen zu 85 Prozent direkt im Zusammenhang mit Landschaftserleben und touristischen Aktivitäten im ländlichen Raum. Jährlich ver- takten Natur und Landschaft für einen umwelt- und naturverträglichen Tourismus ergeben, gewahrt werden. Die touristischen Aspekte des Landschaftsschutzes müssen bei der Planung von Anlagen zur Erzeugung konventioneller und regenerativer Energien berücksichtigt und entsprechend umwelt-, natur- und landschaftsverträglich gestaltet werden.

Abb. 3 Zeitungsauschnitt (Extra-Tip ‚2013)

1_1_2 Positionen: Windkraft hat keine Auswirkungen auf die Erholung

Dass Touristen künftig Roetgen, den Eifelsteig und den Vennbahnradweg meiden werden, ist eine Behauptung, die nicht zu belegen ist. Zahlreiche Studien weisen nach, dass der Tourismus nicht unter dem Bau von Windkraftanlagen leidet.	Grüne Kreisverband Aachen
Windenergieanlagen sind sichtbare Zeichen des Klimaschutzes und des ökologischen Fortschritts. Für manche Tourismusregionen haben sich aus dem Vorhandensein von Windkraftanlagen bereits positive Effekte ergeben: Sie erleben durchaus einen messbaren Imagegewinn, da es die meisten Urlauber befürworten, wenn ihr Ferienort aktiven Umweltschutz praktiziert.	Bundesverband Windenergie
Ob Windenergieanlagen sich mehr oder weniger gut in die Landschaft einfügen, darin „scheiden sich die Geister". Dem Tourismus schaden sie jedenfalls nicht.	Rothaarwind GmbH

2_Methodik

2_1 Wahl der Befragungsorte

Zu Beginn galt es geeignete Ort zu finden um eine Befragung durchzuführen. Es war ursprünglich angedacht, Erholungsuchende möglichst in direktem Umfeld eines Windparks zu befragen. Mit Hilfe von Luftbildern und dem Abgleich mit Freizeitkarten wurden verschiedene Windparks in Waldgebieten in Hessen und Rheinland-Pfalz analysiert. Geprüft wurde, welche Art von Freizeit-Infrastruktur im Umfeld der Windparks vorhanden war. Besonderes Augenmerk lag auf (möglichst überregionalen) Wanderwegen, ferner Schutzhütten, Ferienhausgebieten, Hotels, Campingplätzen, Sportanlagen etc. Ein Großteil der Windparks kam nicht in Frage, da im direkten Umfeld keine bedeutende Freizeit-Infrastruktur vorhanden war. Die restlichen Windparks wurden einer genaueren räumlichen Analyse unterzogen. Als problematisch stellte sich heraus, dass die vorhandenen Wanderwege nur schwach frequentiert waren, oder zu weit von den Windparks entfernt lagen, um erheblich von den Auswirkungen der Windräder betroffen zu sein (> 1000m). Der Anspruch, die Befragung an einem Windpark durchzuführen, der ausschließlich im Wald lag, wurde im Rahmen dieser Voruntersuchung fallen gelassen, da keine Aussicht darauf bestand in einem vertretbaren Zeitrahmen ausreichende Personen befragen zu können. Folgende Windparks wurden näher betrachtet und vor Ort auf die Eignung als Befragungsort genauer geprüft:

Windpark Hartenfelser Kopf

Der Windpark Hartenfelser Kopf liegt im rheinland-pfälzischen Teil des Westerwaldes und ist mit 12 Anlagen einer der größten Windparks, die komplett in einem Waldgebiet liegen. Allerdings befinden sich in Nähe zu den Windrädern keine frequentierten Wanderwege oder sonstige Freizeit-Infrastruktur, weshalb der Windpark nach einem Besuch vor Ort als ungeeignet eingestuft wurde.

Windpark Hohenahr

Der Windpark Hohenahr besteht aus 7 jeweils 198,5m hohen Windkraftanlagen und liegt 8km nördlich der hessischen Stadt Wetzlar auf dem Gebiet der Gemeinde Hohensolms. Die Anlagen stehen alle im Wald. Das Gebiet um Hohensolms ist ein beliebtes Naherholungsgebiet, in unmittelbarer Nähe der Windenergieanlagen verlaufen einige lokale Wanderwege. Seit dem Bau der Anlagen und dem nötigen Ausbau der Zufahrtswege wird das Gebiet vor allem an Wochenenden verstärkt von Mountainbikern frequentiert, die die breiten und frisch geschotterten Waldwege nutzen.

Windpark Kalteiche

Der Windpark Kalteiche liegt im Rothaargebirge nahe der hessischen Gemeinde Haiger. Entlang der drei Anlagen führt ein Abschnitt des Rothaarsteigs, daneben gibt es keine weitere Freizeitinfrastruktur. In direkter Nachbarschaft verläuft zudem die stark befahrene A45, weshalb der Windpark als vorbelasteter Standort als Befragungsort ausschied.

Windpark Fuchskaute

Die Fuchskaute ist mit 657m ü. NHN die höchste Erhebung des Westerwaldes. Die Erhebung liegt im Naturraum Hoher Westerwald. Über 250km Wanderwege führen um die Fuchskaute herum. Im Landesentwicklungsplan IV (LEP IV) des Landes Rheinland-Pfalz wird der Hohe Westerwald als Landschaft mit "landesweiter Bedeutung für Erholung und Landschaftserlebnis" (Ministerium für Wirtschaft, Klimaschutz, Energie und Landesplanung Rheinland-Pfalz, 2012) und "bedeutendes Wintererholungsgebiet" (ebd.) charakterisiert. Im Winter bietet sich die Möglichkeit zum Skilanglauf. In der Umgebung verlaufen zahlreiche Wanderwege, sowohl Rothaarsteig, als auch der Westerwaldsteig führen über die Fuchskaute. An der Fuchskaute gibt es einen großen Wanderparkplatz, an dem Rothaar- und Westerwaldsteig entlang führen. Zudem befindet sich an der Fuchskaute ein Hotel mit Gaststätte. Nördlich angrenzend liegt ein 40ha großes Naturschutzgebiet, welches bis in die 1960er Jahre beweidet wurde. Die Wachholderweiden, Fichtenforste, Buchenwälder und Borstgraswiesen sind typisch für die Kulturlandschaft des Westerwaldes.

2004 wurde südlich der Fuchskaute ein Windpark mit 12 Windkraftanlagen ans Netz angeschlossen. Direkt durch den Windpark führt der Westerwaldsteig. Die Anlagen befinden sich südlich in Sicht- und Hörweite des Wanderparkplatzes.

Die Windkraftanlagen an der Fuchskaute liegen nur teilweise im Wald (vgl. S 21). Da der Parkplatz aber von zahlreichen Tagesausflüglern genutzt wird und von zwei überregionalen Wanderwegen gekreuzt wird, bot sich eine Befragung hier besonders an.

Abb. 4   An der Fuchskaute (Weiß, 2013)

Windpark Knoten

Der Knoten ist eine Erhebung im hessischen Westerwald auf dem Gelbiet der Gemeinden Greifenstein und Mengerskirchen und ist ein beliebtes regionales Erholungsgebiet. Seit 2013 befindet sich dort ein Windpark mit 4 Anlagen, weitere 3 Anlagen sind derzeit im Bau. In einem Radius von 1000m zu den Windrädern befinden sich 5 Hütten, wovon 3 saisonal bewirtschaftet werden. Die Hütte des Skiclubs Weilburg liegt 220m von einer Windkraftanlage entfernt, das Haus des Deutschen Alpenvereins knapp 370m. Eine gespurte Loipe, die direkt an den Windrädern vorbeiläuft, musste wegen Gefahr von Eisschlag umgelegt werden.

4 der 7 Windkraftanlagen stehen direkt im Wald, drei am Waldrand. Die Hütten am Knoten werden von Wanderen und Ausflüglern stark frequentiert, weshalb sich der Knoten besonders für eine Befragung eignete. Der Pre-Test zeigte, dass sich Personen beim Wandern direkt ungern stoppen lassen, in Hütten oder auf Bänken einer Befragung offener gegenüber standen (vgl. 2_2_1).

Sowohl der Pre-Test, als auch die eigentliche Befragung fanden hauptsächlich am Wandererparkplatz und in den Hütten der Skiclubs Nizza und Weilburg statt.

Abb. 5 Wanderweg am Knoten während der Bauzeit (Weiß, 2013)

Windpark Knoten. Wald (grün) und Windräder (rote Dreiecke)

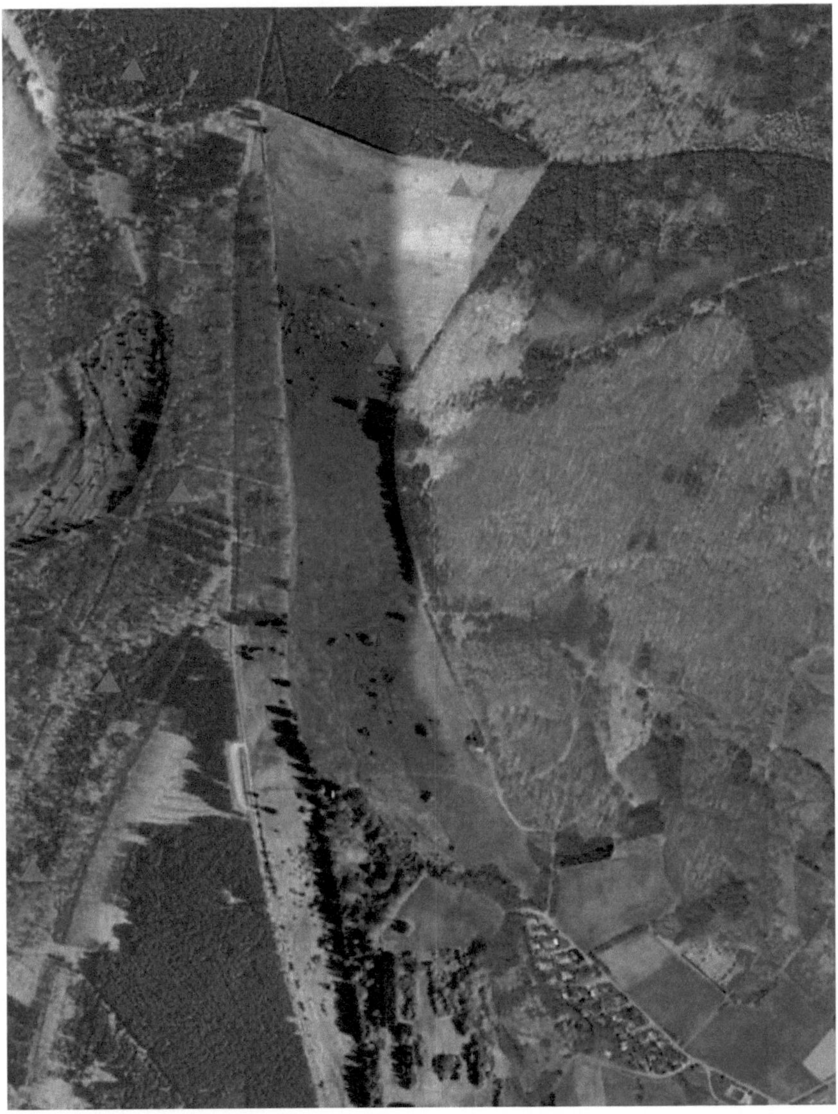

Abb. 6 Knoten Wald (Google Earth, 2014 .verändert)

Windpark Knoten. Infrastruktur und Windräder (rote Dreiecke)

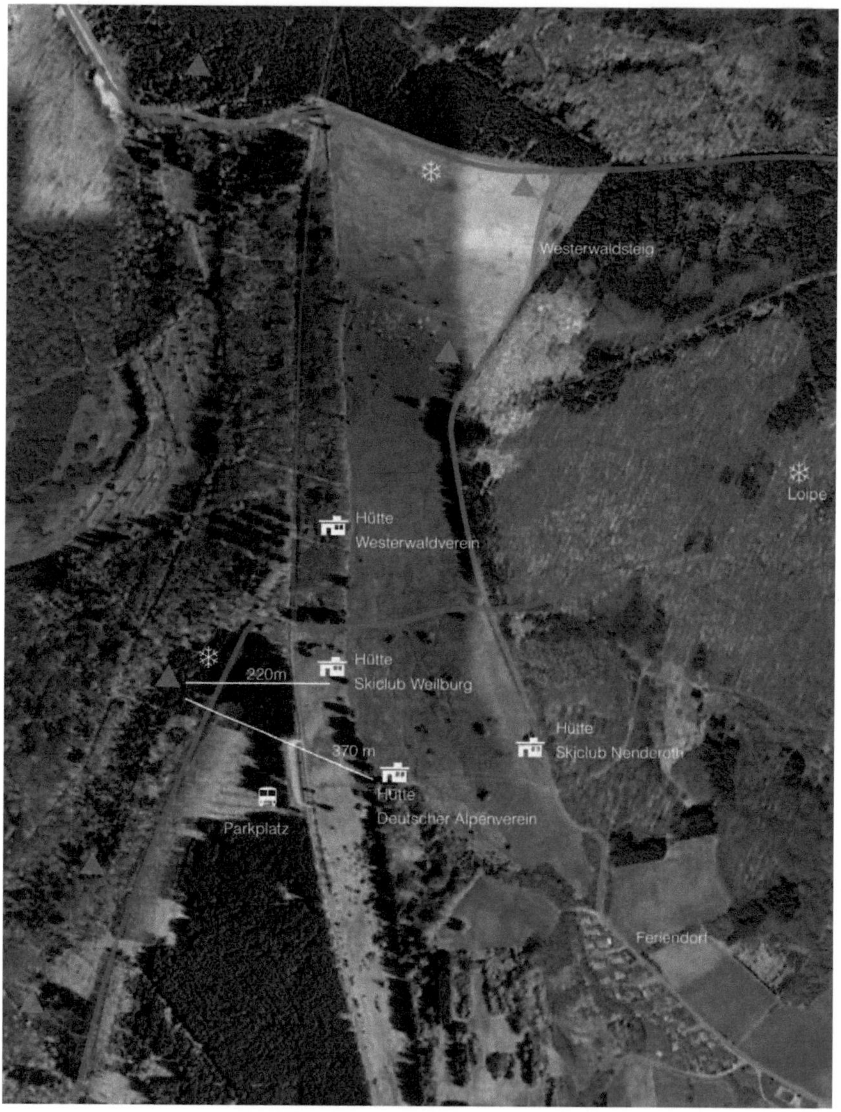

Abb.7 Knoten Infrastruktur(Google Earth, 2014 .verändert)

Raumanalyse Windpark Fuchskaute (eigene Darstellung)

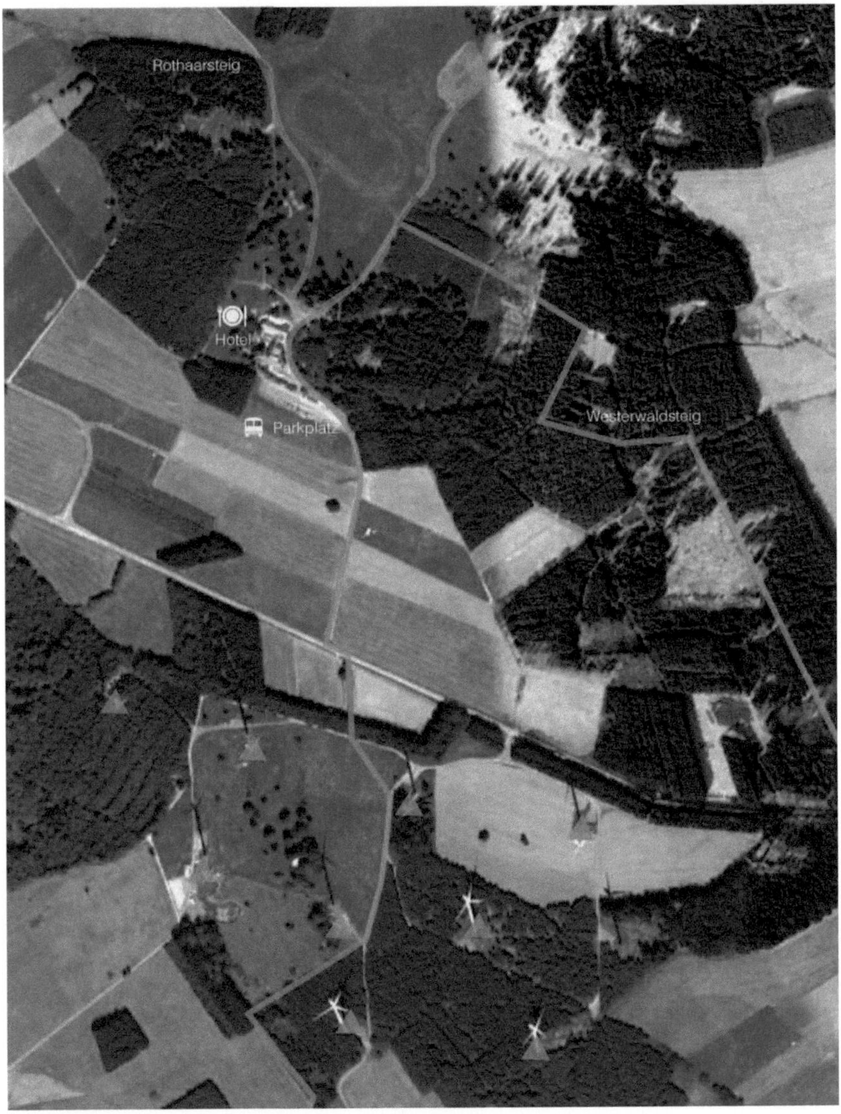

Abb. 8 Fuchskaute Infrastruktur (Google Earth, 2014 .verändert)

Ende September bis Anfang Oktober 2013 wurde an den Standorten Windpark Fuchskaute und Windpark Knoten ein Pre-Test durchgeführt. Ziel dieser Testbefragung war es die eigentliche Befragung vorzubereiten. Getestet wurden Methodik, Form und Inhalt der Fragen.

2_2_1 Erkenntnisse Methodik

Im Rahmen dieser Befragung wurden ca. 80 Wanderer und Erholungsuchende befragt. Die Erhebung erfolgte in Form einer persönlichen Befragung. Die Fragen wurden vorgelesen und die entsprechenden Antworten vom Interviewer in einen Bogen eingetragen. Einige Fragen waren offen formuliert, es wurden keine Antwortmöglichkeiten vorgelesen. Andere Fragen wiederum waren geschlossen, der Befragte konnte zwischen unterschiedlichen Antworten wählen.

Unklar war, ob sich die ausgewählten Standorte tatsächlich für eine Befragung eignen und ausreichend frequentiert werden. Diese Sorge erwies sich allerdings als unbegründet. An beiden Standorten waren bei gutem Wetter viele Wanderer und Spaziergänger unterwegs. Allerdings lehnte knapp die Hälfte der angesprochenen eine Befragung ab. Absagen wurden häufig mit mangelnder Zeit oder keinem Interesse begründet. In diesem Zusammenhang fielen Aussagen wie *Ich wohne hier nicht, daher interessiert es mich nicht*, *Gegen die Windräder kann man eh nichts mehr machen*

Abb. 9 Skihütte Nizza am Knoten (Weiß, 2013)

oder *Besser als Atomstrom*. Gelegentlich erwiederten Personen sie hätten von dem Thema keine Ahnung und wüssten nichts darüber. Wenig erfolgreich war es Menschen direkt am Windrad am Wanderweg anzusprechen. Da hier niemand verweilte, mussten Wanderer direkt angesprochen und gestoppt werden. Dies stieß auf wenig Akzeptanz und Begeisterung. Erfolgreicher war die Befragung an den Wanderparkplätzen oder vor und in den Hütten.

Als besonders problematisch erwies sich die Tatsache, dass der Großteil in Gruppen unterwegs war. Nur knapp 1/10 der Wanderer war alleine unterwegs. Ließen sich die Gruppen auf eine Befragung ein, konnte immer nur eine Person befragt werden. Die Interviews dauerten pro Person ca. 5 Minuten. Eine Gruppe von 6 Personen zu befragen hätte ohne weiteres eine knappe halbe Stunde gedauert.

Mehrere Personen gleichzeitig zu befragen war nicht möglich. Meist antwortete nur eine Person, die anderen nickten zustimmend oder warteten geduldig das Ende der Umfrage ab. Gelegentliche Unstimmigkeiten in der Gruppe führten dazu, dass sich auch andere Personen zu Wort meldeten. Diese unvollständigen Interviews konnten dann aber nicht verwendet werden. Nicht beteiligte Passanten zeigten gelegentlich Neugier, konnten aber nicht über die Befragung aufgeklärt werden, wenn der Interviewer gerade damit beschäftigt war eine Befragung durchzuführen.

Da Personen direkt befragt wurden, hatten sie nicht das Gefühl ihre Aussagen überdenken zu können. Sie antworteten entweder sofort oder mit weiß nicht/weiter.

Hinsichtlich der oben genannten Problemen ergab sich die Entscheidung die Befragung mit Hilfe eines Fragebogens durchzuführen. Dieser kann an mehrere Personen gleichzeitig verteilt werden. Zudem haben die Befragten mehr Zeit sich ihre Meinung zu überlegen und ihre Meinungen schriftlich festzuhalten.

2_2_2 Erkenntnisse Inhalt

Im folgenden Teil wird vorgestellt, welche Fragen der Pre-Test umfasste, und welche Erkenntnisse gewonnen wurden. Eine quantitative Auswertung erfolgte nur ansatzweise. Der Fragebogen wurde mehrmals geändert und umgestellt, weshalb keine Vergleichbarkeit der Antworten gegeben ist. Des Weiteren wird erläutert, wie die Fragen für den schriftlichen Fragebogen geändert und angepasst wurden.

Wieso kommen Sie in ihrer Freizeit in den Westerwald?

Die häufigste Antworten waren wandern, spazieren gehen, entspannen etc. und nahmen daher die folgende Frage vorweg. Auf die Frage wurde daher verzichtet.

Mit wem verbringen Sie ihre Freizeit?

Der Großteil war in Gruppen mit Freunden oder der Familie unterwegs, alleine nur sehr wenige. Die Frage wurde so beibehalten und als geschlossene Frage zum Ankreuzen formuliert.

Welchen Freizeitaktivitäten gehen Sie im Wald nach?

Hier fielen vor allem die Begriffe wandern, spazieren gehen oder Rad fahren, ferner Pilze sammeln, die Natur beobachten, joggen fotografieren etc. Für den schriftlichen Fragebogen wurden daher die Kategorien wandern/spazieren; entspannen/erholen und Sport treiben als mögliche Antworten vorgegeben.

Welche Rolle sollten erneuerbare Energien in Zukunft spielen?

Diese Frage überforderte viele. Häufig kam es zu Rückfragen, wie die Frage gemeint sei. Für den schriftlichen Fragebogen wurde daher direkt nach der persönlichen Einstellung zur Windkraft gefragt und entsprechende Antworten vorgegeben (positiv, eher positiv, eher negativ, negativ, weiß nicht).

Argumente für/gegen Windkraft

Die Befragten waren durchaus in der Lage Argumente zu formulieren. Wurden Argumente vorgelesen und die Befragten gebeten diese zu bewerten (stimme zu/ stimme nicht zu), stimmten die meisten Befragten allen Argumenten zu. Aus diesem Grund wurde beschlossen im Fragebogen auf Antwortmöglichkeiten zu verzichten und die Frage offen zu stellen. Explizite Argumente für/gegen Windkraftanlagen im Wald fanden die wenigsten auf Anhieb. Deshalb wurde auch im späteren Fragebogen nicht explizit nach Argumenten für/gegen Windkraftanlagen im Wald gefragt.

Fühlen Sie sich von Windkraftanlagen in ihrer Freizeit gestört?

Ca. 1/3 der Befragten bejahte diese Frage, 2/3 antwortete mit nein. Für den späteren Fragebogen wurde die Frage spezifischer auf Wald mit Windkraftanlagen bezogen.

Zusätzlich können Befragte im Fragebogen angeben, was sie konkret gestört hat.

In einer ersten Version wurde gefragt, ob in der Umgebung des Wohnortes bereits Windräder stehen. Da die Umgebung aber nicht klar definiert wurde, sind die Ergebnisse nicht besonders aussagekräftig. Für den Fragebogen wurde auf diese Frage verzichtet.

Zuletzt wurde gefragt, ob man zu einem Windpark fahren würden, wenn dort zusätzliche Informationen zum Thema Windkraft angeboten werden würden. Die Frage wurde ohne Probleme beantwortet und konnte daher unverändert übernommen werden.

Iim Pre-Test zeichnete sich ab, dass die Akzeptanz für Windkraft generell sehr hoch, für Windkraft im Wald aber niedriger ist. Daher wurde die Frage Sollten auch in Waldgebieten weitere Windkraftanlagen gebaut werden? neu formuliert und in den Fragebogen aufgenommen.

Im Rahmen des Pre-Test war schnell deutlich geworden, dass der Großteil der Besucher vor Ort von den Windkraftanlagen wusste. Nur wenige Personen waren von den Windkraftanlagen überrascht. **Die Vermutung liegt nahe, dass Menschen, die sich von Windkraftanlagen sehr gestört fühlen, Wälder mit Windkraftanlagen nicht mehr aufsuchen. Diese Gruppe könnte an den Windparks nicht befragt werden. Daher wurde entschieden, die Befragung nicht nur an Windparks durchzuführen, sondern auch in einem Wald ohne Windkraftanlagen** (siehe S.25). Zudem wurden Bögen in Schulen und Geschäften ausgeteilt.

Abb. 10 Verortung Befragungsorte Wetzlar (Google Earth, 2014, verändert)

Wald am Stoppelberg

Abb. 11 Gaststätte im Kirschenwäldchen

Der dritte Befragungsort lag in einem Waldgebiet südlich der Stadt Wetzlar an einem Waldparkplatz. Der Parkplatz ist zentraler Ausgangsort für Wanderungen und Spaziergänge rund um den Stoppelberg, den höchsten Berg der Stadt Wetzlar. Der Wald ist Teil des Naturparks Hochtaunus und wird durch zahlreiche betreute und ausgeschilderte Wanderwege erschlossen. In unmittelbarer Nähe befindet sich auf dem Gipfel des Stoppelberges ein beliebter Aussichtsturm, von dem bei guter Sicht auch die Windparks am Knoten und an der Fuchskaute erkennbar sind. In der Nähe des Parkplatzes befindet sich die Wochenendhaussiedlung Kirschenwäldchen mit einigen Ausflugslokalen.

3_ Ergebnisse

Im Folgenden werden die Ergebnisse vorgestellt, die Fragen wurden zum Einen einfach qualitativ ausgewertet, zum anderen wurden Kreuzabfragen durchgeführt. Offen gestellte Fragen sind als solche gekennzeichnet.

3_1 Personenbezogene Daten

Geschlecht der Befragten Personen (N=444)

männlich	weiblich	keine Angabe
52,7 %	46,8 %	0,5 %

Abb. 12

Wie aus der Abbildung zu erkennen ist, sind die befragten Gruppen männlicher (52,7%) und weiblicher Befragter (46,8%) ungefähr ausgeglichen.

Alter der Befragten Personen N = 444

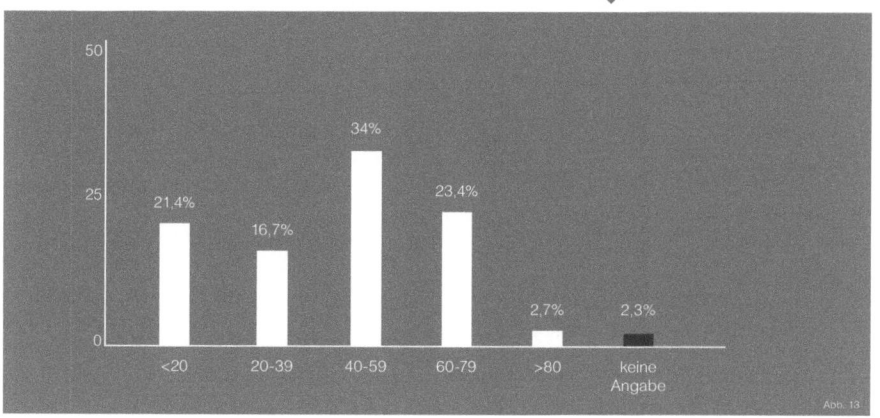

Abb. 13

Die Abbildung zeigt die Altersstruktur der befragten Personen. Der größte Teil der Befragten (34%) ist zwischen 40 und 59 Jahren alt (Deutschland: 31,1 %) Die Gruppe der unter 20-Jährigen stellt 21,4% (Deutschland: 18,4%), die 20 bis 39-Jährigen sind mit 16,7% (Deutschland: 24,2%) vertreten. Über 60 sind 24,4% der Befragten (Deutschland: 26,3%). 3,6% machte keine Angabe zu ihrem Alter. Die 20 bis 39-Jähringen sind damit etwas unterrepräsentiert, die anderen Altersgruppen entsprechen ungefähr den bundesdeutschen Zahlen.

Werte der Bundesrepublik Deutschland in Klammern (Bundeszentrale für politische Bildung: 2014)

Waren Sie in letzter Zeit in einem Waldgebiet, in dem Windräder stehen? N = 444

ja	nein
55 %	45 %

Abb. 14

3_2 Einstellung zur Erholung im Wald

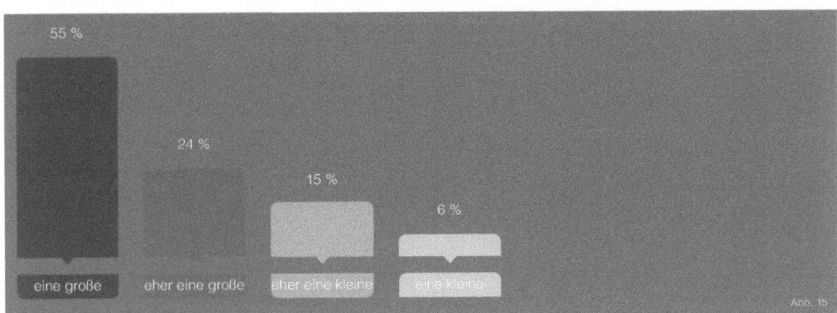

Die Ergebnisse zeigen deutlich, dass der Wald für die Befragten eine große Bedeutung hat. 79% gaben dies an, nur für 21% spielt der Wald eine kleine Rolle bezüglich ihres Freizeitverhaltens. Diese Ergebnisse passen zu einer Studie über die "Einstellung der Deutschen zum Wald". Dort heißt es: "Viele gehen in den Wald um Abstand zu finden, fühlen sich im Wald frei und haben den Eindruck, dass dort ihre eigenen Sinne, die im normalen Alltag verkümmern, reaktiviert werden" (Wippermann et al.: 2010).

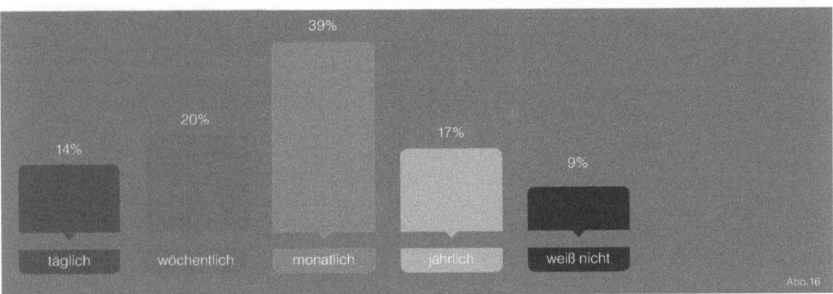

Im Hinblick auf die Häufigkeit der Waldbesuche zeigt sich, dass ein Großteil der Befragten mehrmals pro Monat den Wald zur Erholung aufsucht (39%). 14% gehen (fast) täglich, immerhin noch 20% mehrmals pro Woche in den Wald. Der Prozentsatz der Befragten, die angaben nur mehrmals im Jahr in den Wald zu gehen liegt bei 17%, 9% konnten die Frage nicht beantworten. Häufig gehen demnach 34% in den Wald, 39 % weniger häufig und 17% eher selten. Die Studie "Einstellung der Deutschen zum Wald" kam zu dem Ergebnis, dass 37% der Deutschen sehr selten in den Wald gehen, 16% überhaupt nie (ebd.). Die Zahlen unterscheiden sich deutlich. Da die Befragung aber in Waldgebieten stattfand, ist die Diskrepanz nicht überraschend. Die Befragten gehen aber demnach im Schnitt häufiger in den Wald als die Deutschen insgesamt.

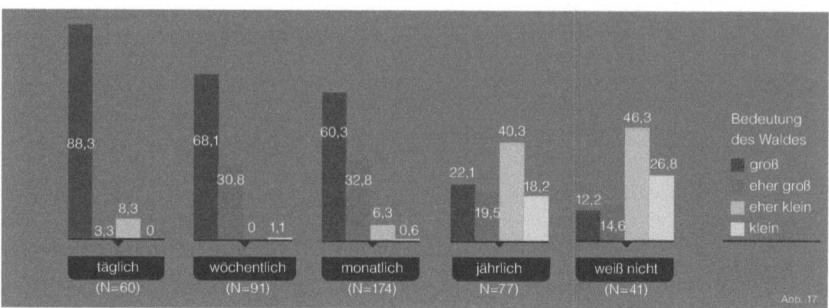

Bedeutung
des Waldes

- groß
- eher groß
- eher klein
- klein

täglich (N=60)	wöchentlich (N=91)	monatlich (N=174)	jährlich N=77)	weiß nicht (N=41)
88,3	68,1	60,3	40,3	46,3
8,3	30,8	32,8	22,1	26,8
3,3	0	6,3	18,2	12,2
0	1,1	0,6	19,5	14,6

Abb. 17

Die Bedeutung des Waldes für die Erholung und die Häufigkeit der Waldbesuche korrelieren weitgehend miteinander, wie aus der oberen Abbildung ersichtlich wird. Allerdings hat der Wald selbst für ein Drittel derer, die nur jährlich den Wald besuchen oder diese Frage nicht beantworten konnten, einen hohen Stellenwert. Wer den Wald häufig besucht, misst ihm wenig überraschend einen sehr großen Stellenwert bei. Auffällig ist hier lediglich, dass 8,3% der täglichen Waldbesucher diesem eine kleine Bedeutung zumessen.

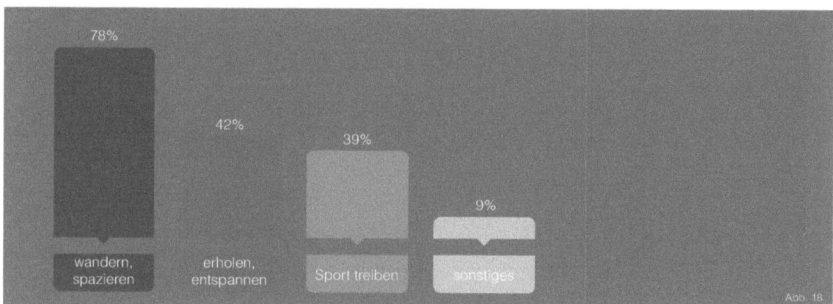

wandern, spazieren	erholen, entspannen	Sport treiben	sonstiges
78%	42%	39%	9%

Abb. 18

Die bei weitem häufigste Antwort war wandern/spazieren (78%), gefolgt von erholen/entspannen (42%) und Sport treiben (39%). 9% der Befragten gaben sonstige Aktivitäten an. (Darunter fallen *mit dem Hund spazieren* 3%, *Pilze/Beeren sammeln* 2%, *fotografieren* 1%, *Natur beobachten* 1% und einige nur vereinzelt genannte Antworten.)

Ein Befragter gab damit im Schnitt 1,68 Antworten auf die Frage ab. Die vorgegeben Antwortmöglichkeiten überschneiden sich teilweise. Wandern könnte auch als Sport gewertet werden, spazieren als erholen. Kreuzabfragen hinsichtlich der Aktivitäten fielen daher wenig aussagekräftig aus und wurden aus diesem Grund nicht mit in die Auswertung aufgenommen.

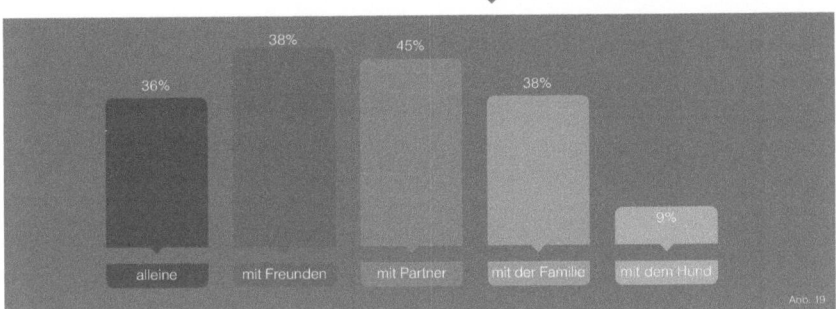

Abb. 19

Wie bereits im Pre-Test aufgefallen, besuchen relativ wenige den Wald alleine (36%). Am häufigsten gaben die Befragten bei ihrem Waldausflug von Freunden (48%) begleitet zu werden, gefolgt vom Partner (45%) und der Familie (38%). 9% gaben an mit dem Hund im Wald unterwegs zu sein, obwohl dies als Antwortmöglichkeit nicht vorgebenen war. Andere Antworten tauchten nur vereinzelt auf. Die Ergebnisse zeigen, dass viele Befragte mehrere Antworten gaben. Im Schnitt kommen auf eine Person 1,76 Antworten.

3_3 Einstellung zur Windkraft

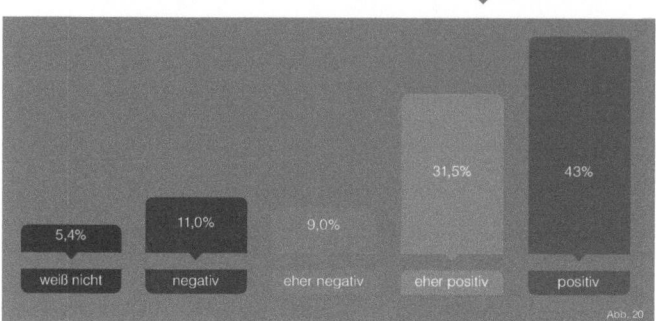

Abb. 20

Die generelle Zustimmung zur Windkraft als erneuerbaren Energie ist sehr hoch. 74,5% gaben an der Windkraft *positiv* (43%) oder *eher positiv* (31,5%) gegenüber zu stehen. 20% der Befragten gaben eine *negative* (11%) oder *eher negative* (9%) Einstellung an. Ein vom Bundesverband Deutsche Mittelgebirge e.V 2012 in Auftrag gegeben Studie kam zu ähnlichen Ergebnissen (Zustimmung 72%, 12% Ablehnung) (CenTouris: 2012). Eine Studie des BMUB stellte 2013 fest, dass 74% der Befragten den Ausbau der Windenergie an Land gut heißen oder akzeptieren, während sich 24% dagegen aussprachen (BMUB: 2013). Die in der Befragung erhobenen Daten zur Akzeptanz von Windenergie entsprechen damit weitesgehend den gängigen Zahlen.

Abb. 21

Die Frage nach Argumenten für den Ausbau der Windenergie beantworteten die meisten (47,5%) mit dem Hinweis, dass *weniger Atomkraftwerke* notwendig seien. Noch relativ häufig wurde die *Umweltfreundlichkeit* (10,4%) genannt. Selten verwiesen die Befragten auf die *hohe Effizienz / den guten Kosten-Nutzen-Faktor* (6,1%), die Möglichkeit sich *unabhängig von Importen* mit Energie zu versorgen (5%) und auf die *Stromproduktion ohne Emissionen* (2,7%) im Vergleich zu Kohle, Gas oder Öl. 39,4% der Befragten gaben kein Pro-Argument ab.

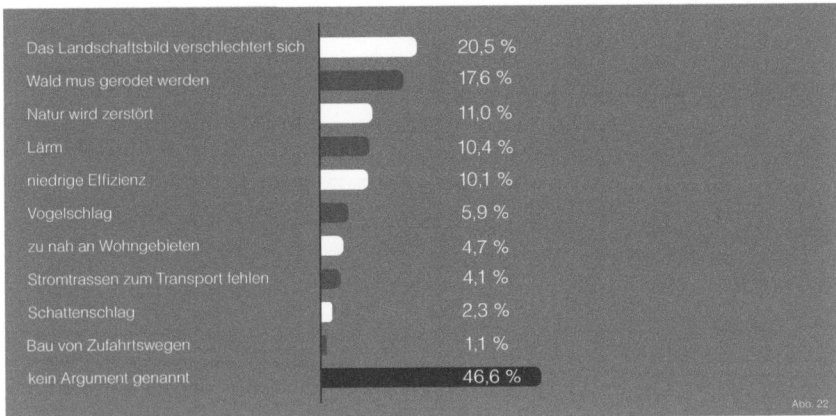

Das Landschaftsbild verschlechtert sich	20,5 %
Wald mus gerodet werden	17,6 %
Natur wird zerstört	11,0 %
Lärm	10,4 %
niedrige Effizienz	10,1 %
Vogelschlag	5,9 %
zu nah an Wohngebieten	4,7 %
Stromtrassen zum Transport fehlen	4,1 %
Schattenschlag	2,3 %
Bau von Zufahrtswegen	1,1 %
kein Argument genannt	46,6 %

Abb. 22

Das am häufigsten genannte Argument gegen Windkraftanlagen war die Verschlechterung des Landschaftsbildes (20,5%). Häufige Stichworte waren *Verspargelung* oder *Verschmutzung des Horizontes*. Waldrodung wurde von 17,6% der Befragten als negative Folge angeführt. Jeweils um die 10% der Befragten nannten *Natur wird zerstört* (11%), *Lärm/Geräuschpegel* (10,4%) und eine *niedrige Effizienz/ schlechter Kosten-Nutzen-Faktor* (10,1%). Ferner genannt wurden Vogelschlag (5,9%), die Nähe zu Wohngebieten und der Hinweis auf *fehlende Möglichkeiten den Strom zu transportieren*. Selten genannt wurden *Schattenschlag* (2,3%) und der *Bau von breiten Zufahrtswegen* (1,1%). 46,6% der Befragten nannten überhaupt kein Argument gegen den Bau von Windkraftanlagen.

23,6%	30,9%	29,7%	15,8 %
nur contra	nur pro	pro & contra	gar keine

Abb. 23

Interessant ist der Blick auf die Frage wie ausgewogen die Befragten Argumente für/gegen Windkraft nannten. 23,6% führten nur Contra-Argumente auf, 30,9% nur Pro-Argumente. 15,8% gaben überhaupt keine, 29,7% jeweils Pro- und Kontra-Argumente an. Es ist nicht ersichtlich, ob die Befragten keine Argumente kannten oder sie als nicht stimmig empfanden und daher nicht nannten. Inwieweit sich diese Gruppen in ihrer Ansicht zu Windkraftanlagen im Wald unterscheiden, wird auf Seite 30 unter 3_4_4 erläutert.

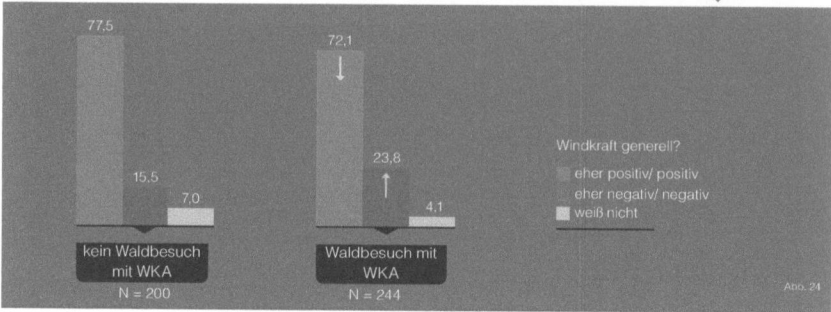

Ein Teil der Befragten hat in letzter Zeit kein Waldgebiet mit Windkraftanlagen besucht (vgl. S.28), der andere Teil gab an, in einem solchen Wald gewesen zu sein . Befragt man diese beiden Gruppen nach ihrer generellen Einstellung zur Windkraft zeigt sich, dass die Zustimmung zur Windkraft in der ersten Gruppe etwas höher (77,5%) ist, als in der zweiten Gruppe (72,1%). Die Ablehnung ist in der zweiten Gruppe deutlich höher (23,8% vs. 15,5%).

Die Ergebnisse könnten darauf hinweisen, dass eine Konfrontation mit Windkraftanlagen im Wald zu einer höheren Ablehnung führt. Zu überprüfen wäre, inwieweit dies auch auf Windkraftanlagen im Offenland oder an der Küste zutrifft.

3_4 Einstellung zur Windkraft im Wald

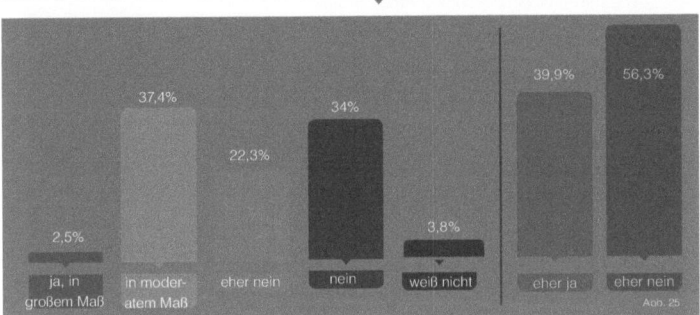

Über die Hälfte (56,3%) der Befragten gab an, dass ihrer Meinung nach in Waldgebieten (eher) keine Windräder gebaut werden sollten. 39,9% befürworten den Bau, 3,8% sind unentschlossen. Schlüsselt man die Daten genauer auf, wird ersichtlich, dass sich der Großteil der Befürworter von Windkraftanlagen im Wald einen moderaten Ausbau wünscht. Nur 2,5% befürworten in großem Maß Windräder im Wald.

3_4_1 Windräder im Wald? abhängig von der Akzeptanz gegenüber Windkraft generell

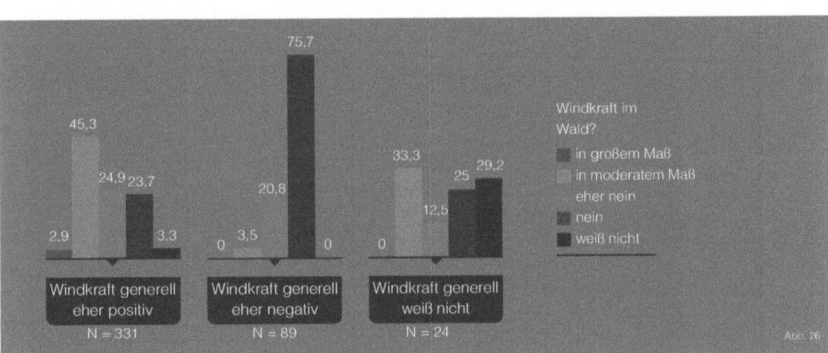

Mit Hilfe dieser Verknüpfung wird geprüft, inwieweit sich die Akzeptanz gegenüber Windkraft generell und gegenüber Windkraft im Wald unterscheiden. Wenig überraschend ist die große Ablehnung von Windrädern im Wald durch Windkraftkritiker (96,5%). Interessant ist jedoch, dass knapp die Hälfte (48,2%) der Windkraftbefürworter auch Windräder im Wald begrüßen würden, während ebenso viele (48,6%) Windräder im Wald (eher) ablehnen. Die kleine Gruppe der Befragten, die keine Meinung zur Windkraft hatte, sind auch beim Thema Wind im Wald unschlüssig (29,2%).

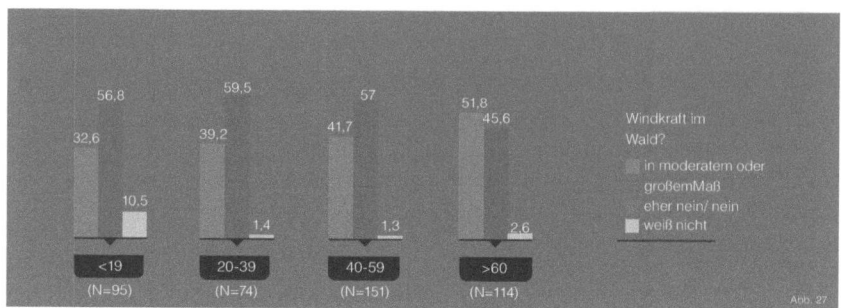

Abb. 27

Hinsichtlich des Alters sind in Bezug auf die Frage nach Windkraftanlagen im Wald einige Differenzen zu erkennen. Der jüngste Anteil der Befragten befürwortet Windräder im Wald nur zu 32,6%. Die Akzeptanz steigt mit dem Alter an, die über 60jährigen befürworten Windkraft im Wald zu 51,8%. In Relationen bedeutet dies, dass in der Gruppe der unter 19-Jährigen auf einen Befürworter 1,74 Gegner kommen (20-39: 1,51; 40-59: 1,37). In der Gruppe der über 60-Jährigen liegt dieser Wert bei lediglich 0,88. Dies ist besonders überraschend, da die Zahl derer, die Windkraft generell ablehnt, in dieser Altersgruppe am höchsten ist (27,2%).

Hingewiesen sei an dieser Stelle auch auf die hohe Zahl (10,5%) der unter 19-Jährigen, welche die Frage mit *weiß nicht* beantwortet haben. (Diese Zahl lässt sich auch in der generellen Einstellung zur Windkraft wiederfinden und liegt hier noch etwas höher (11,6%)).

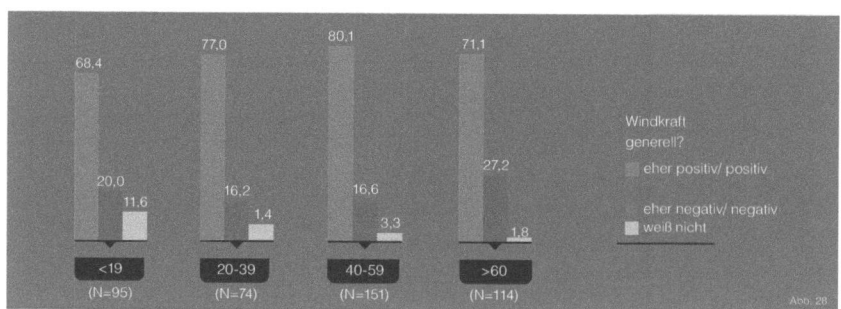

Abb. 28

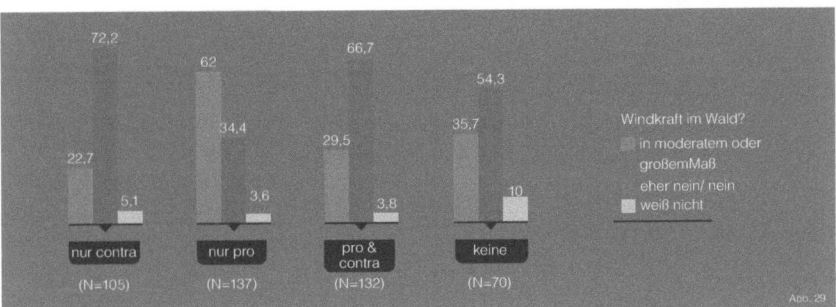

Abb. 29

Für diese Verknüpfung wurde überprüft, wie ausgewogen die Befragten Argumente für/gegen die Windkraft nannten (vgl. S.33). Für diese Gruppen wurde jeweils überprüft, wie sie die Frage nach Windkraftanlagen im Wald beantwortet hatten. Die Antworten *groß/in moderatem Maß* und *nein/eher nein* wurden dabei zusammengefasst. Wenig überraschend lehnt die Gruppe "nur contra-Argumente" Windräder im Wald zu 72,2% ab. In der Gruppe "nur pro" befürworten 62,2% der Befragten Windkraftanlagen im Wald. Allerdings lehnt auch in dieser Gruppe mehr als ein Drittel diese ab. Befragte, die überhaupt keine Argumente nannten, waren sich zu 10% unsicher, 35,7% waren eher positiv, 54,3% eher negativ. Interessant ist die Gruppe der Befragten, die sowohl pro- als auch contra-Argumente angaben. In dieser Gruppe lehnen zwei Drittel (66,7%) Windkraftanlagen im Wald ab, 29,5% befürworten den Bau. (86,7% der Befragten aus dieser Gruppe stehen der Windkraft generell *positiv* oder *eher positiv* gegenüber, 10,7% *eher negativ* bzw. *negativ*.)

Im Fragebogen wurde gefragt, welche Argumente die Befragten *persönlich gegen/für den Bau von Windkraftanlagen* haben. Daher ist es nicht möglich zu sagen, inwiefern den Erholungssuchenden keine anderen Argumente einfielen, oder sie diese als für sich persönlich nicht wichtig oder korrekt betrachteten.

Die Zahlen lassen dennoch die Vermutung zu, dass Personen, die der Windkraft objektiv gegenüber stehen und in gewisser Weise über Vor- und Nachteile informiert sind, Windkraftanlagen im Wald eher ablehnen.

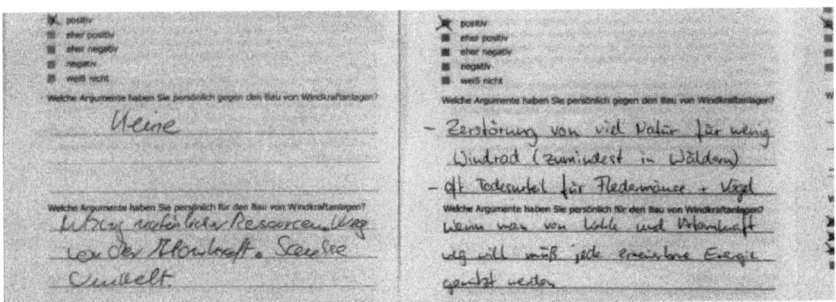

Abb. 30

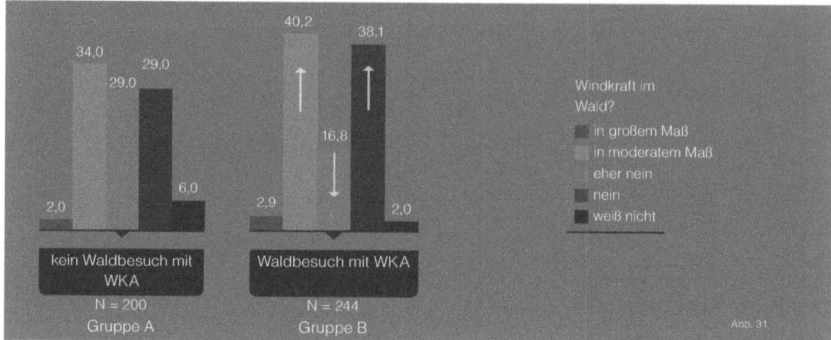

Die Abfrage "Sollten auch in Waldgebieten weitere Windkraftanlagen errichtet werden?" (Abb.25) zeigt, dass die Mehrheit aller Befragten den Bau von Windkraftanlagen in Waldgebieten nicht befürwortet. Abbildung 31 zeigt, dass es einen Unterschied gibt, zwischen Befragten, die in letzter Zeit in einem Wald mit Windrädern unterwegs waren (Gruppe A) und denen, die keine Windräder im Wald gesehen/wahrgenommen haben (Gruppe B). In der Aggregation wird deutlich, dass Gruppe A Windkraftanlagen im Wald eher befürwortet (43%) als Gruppe B (36%). Der Prozentsatz derer, die sich unschlüssig sind, ist in Gruppe B deutlich höher (6%) als in Gruppe A. Interessant ist zudem, dass der Anteil der Befragten in Gruppe A, welche die Frage nach Windkraftanlagen im Wald deutlich mit *nein* beantwortet haben, höher ist (38,1%) als in Gruppe B (29%).

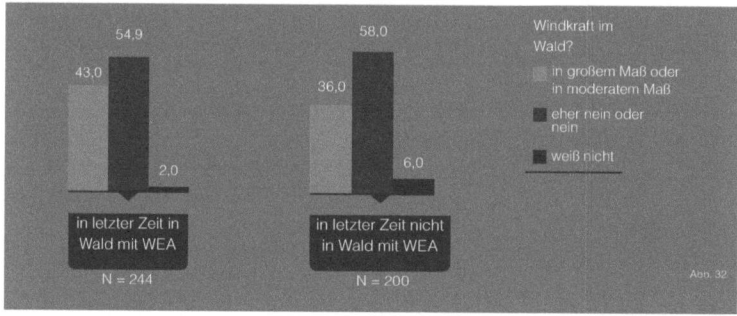

Wer in einem Waldgebiet mit Windkraftanlagen unterwegs war, hat sich mit eigenen Augen ein Bild gemacht und Eindrücke vor Ort in seine Meinungsbildung einfließen lassen. Der Anteil der unentschlossenen sinkt. Das könnte ein Hinweis darauf sein, dass durch eine Konfrontation und Auseinandersetzung mit Windlraftanlagen grundsätzlich die Akzeptanz steigt. Ein Teil der Befragten wird aber auch in seiner negativen Haltung bestätigt, wie das Verhältnis zwischen *eher nein* und *nein* in Abbildung 31 zeigt.

ja	nein	
55 %	45 %	Abb. 33

3_5_1 Wenn ja, haben Sie sich gestört gefühlt? N = 244

ja	nein	
52 %	48 %	Abb. 34

Etwas mehr als die Hälfte (55%) aller Befragten war in letzter Zeit einen Wald, in dem Windräder stehen. Von diesen 55% fühlten sich wiederum 52% von den Windrädern gestört. Jeweils ungefähr ein Viertel gab an, dass sie den Lärm der Anlagen, den Anblick und die technische Überformung der Landschaft (Größe, Maßstab, Materialität etc.) als störend empfunden haben. 6,1% nannten sonstige Gründe wie neue Zuwegungen, Schattenwurf, Rotorbewegung oder nächtliche Befeuerung (jeweils ~2%). 6,1% gaben zwar an sich gestört gefühlt zu haben, machten aber keine genauen Angaben woran. Frauen fühlten sich tendenziell eher gestört (55,5% gegenüber 49,2% der Männer). Lediglich am Anblick störten sich etwas mehr männliche Befragte als weibliche.

3_5_2 Was hat Sie gestört? offene Frage, mehrere Antworten möglich N = 244

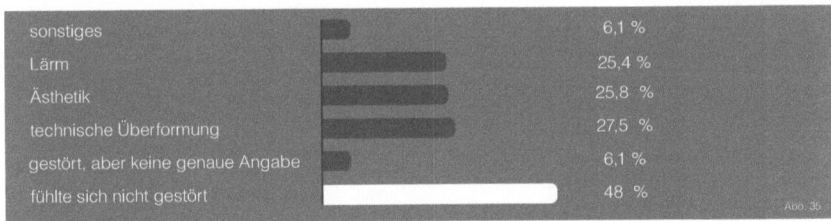

sonstiges	6,1 %
Lärm	25,4 %
Ästhetik	25,8 %
technische Überformung	27,5 %
gestört, aber keine genaue Angabe	6,1 %
fühlte sich nicht gestört	48 %
	Abb. 35

3_5_2_1 Was hat Sie gestört? abhängig vom Geschlecht

männlich N=124		weiblich N=119
26,6 %	Lärm	24,4%
21,8 %	Ästhetik	30,3%
23,4 %	technische Überformung	27,7 %
49,2 %	fühlte sich gestört	55,5 %
		Abb. 36

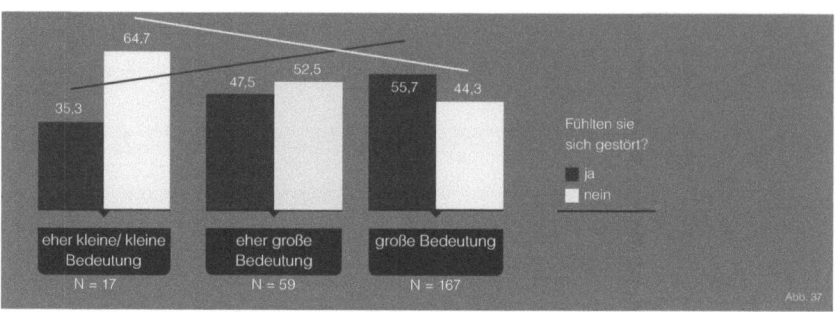

Abb. 37

Festgestellt werden kann ein Zusammenhang zwischen der persönlichen Bedeutung des Waldes für die Erholung und die Frage, ob sich die befragte Person von Windrädern im Wald gestört fühlte. Je höher die beigemessene Bedeutung, desto eher fühlte sich die Person von den Windkraftanlagen gestört. Da die meisten Besucher, die in letzter Zeit einen Wald mit Windkraftanlagen besucht hatten, dem Wald eine große oder eher große Bedeutung zuwiesen, liegen die Stichprobengrößen für diese Abfrage weit auseinander.

ⓘ 3_6 Würden Sie zu einem Windpark fahren, wenn dort zusätzliche Informationen zum Thema Windkraft angeboten werden würden? N = 444

Der Teil der Befragten, die ein Informationsgebot, z.B. eine Führung durch einen Windpark oder ähnliches, annehmen würden, liegt bei 37,2%. 38,5% sind sich sicher ein derartiges Angebot nicht nutzen zu wollen. 24,3% sind sich unschlüssig.

4_ Diskussion

Die hohe Zustimmung der Bevölkerung zur Energiewende im Allgemeinen und zur Windkraft selbst wird immer wieder angeführt und genannt, wenn neue Windparks geplant werden oder über eine steigende EEG-Umlage diskutiert wird. Die hohe Zustimmung ist nicht aus der Luft gegriffen, sondern empirisch belegt (vgl. 3_3_1). Auch die in dieser Studie Befragten stehen der Windkraft grund-

Abb. 39 Wanderweg am Knoten nach Verbreiterung als Zufahrt für Windrad

sätzlich positiv gegenüber. Die Zustimmungsraten sinken aber deutlich, wenn explizit nach Windkraft im Wald gefragt wird (vgl. 3.4). Auch diejenigen, die der Windkraft positiv gegenüberstehen, lehnen zu 50% Windkraftanlagen im Wald ab (vgl 3.4.1 und 3.4.4). Die Energiewende hat für die Deutschen einen hohen Stellenwert, aber der deutsche Wald eben auch. Für viele Befragte, das wurde während der Umfrage schnell deutlich, ist Wald Natur. Bis heute ist der Begriff Wald "eine wichtige Naturmetapher geblieben" (Lehmann: 2011). "Als erstes, wie immer, seit die Natur mein Denken bestimmt, ein Gang in den Wald. An keinem anderen organischen Ensemble läßt sich die Naturgesinnung einer Gesellschaft besser ablesen: Wie sie es mit ihm hält, ob sie ihn schont oder schändet, so hält sie es mit der Gesamtnatur." (Stern: 1996, zit. n. Die Zeit (Hg.): 1996) heißt es in einem Bericht des Autors und Umweltschützers Horst Stern über seine ökologischen Reise durch die neuen Bundesländer, erschienen 1996 in der Zeitung Die Zeit.

Die Bindung der Deutschen zum Wald reicht weit zurück, aber spätestens seit der Befreiungskriege gegen Napoleon war der deutsche Wald in Hinblick auf die Schlacht im Teuteburger Wald zum Bestandteil einer nationalen Identität geworden. Als literarisches und künstlerisches Motiv fand er in dieser Zeit geradzu inflationär Eingang in Gedichte, Märchen und Gemälde (vgl. S.4). In der Romantik taugte der Wald – der auch schon damals im Grunde genommen nicht mehr natürlich, sondern vom Menschen geformt war – als Sehnsuchts- und Rückzugsort von politischen und gesellschaftlichen Verwerfungen jener Jahre. Mit aufkommender Industrialisierung verstärkte sich der Mythos um den Wald.

Und heute? Die anfangs bereits angeführte Studie "Die Einstellung der Deutschen zum Wald" kommt zu dem Ergebnis, dass der Wald den Deutschen als "Negation der modernen Gesellschaft" (Wippermann: 2010) erscheint. Da die selbe Studie aber auch zu dem Ergebnis kommt, dass die wenigstens Deutschen regelmäßig in den Wald gehen, bleibt die Frage, ob das romantische Waldbild der Deutschen auch heute noch Bestand hat. "In der Tourismusindustrie und in den heutigen Massenmedien werden die Klischeebilder von Natur und Landschaft (...) mit immer stärkerer Intensität (...) verbreitet: Die friedlich weidende Kuh vor der Matterhornkulisse, die grüne Waldinsel in der Seenplatte (...). Solche Bilder , endlos reproduziert und in ihrer Aussagekraft ultrahoch konzentriert, signalisieren zweifelsfrei und blitzschnell intakte Umwelt, heile Natur, gesunde Landschaft

Abb. 40 weichgezeichnete Ideal-Landschaft. Still aus der ARD-Serie Sturm der Liebe

und glückliche Menschen, also gutes Leben" (Weilacher: 2006). Tatsächlich spielen die meisten deutschen Fernsehserien in Großstädten oder in landschaftlich sehr reizvollen Gegenden (vgl. Abb. 40). In Tourismusbrochüren oder in der Werbung findet man äußerst selten Windkraftanlagen, es sei denn, es wird explizit damit geworben. Der Wald als Metapher für *die Natur* und als *Negation der modernen Gesellschaft* steht also auf der einen Seite und Windkraftanlagen als Zeichen der modernen und ökologisch fortschrittlichen Gesellschaft auf der anderen (vgl. 1_2_2 und 4_3). Eine ähnliche Tendenz zeigt auch die Studie zum Naturbewusstsein des BMUB. 44% brachten Wildnis mit Wald in Verbindung (BMUB, 2013). Gefragt wurde zudem nach der Akzeptanz von landschaftsverändernden Maßnahmen zur Erzeugung erneuerbarer Energien. 26% der Befragten würden den Ausbau der Windenergie an Land gut finden, 48% würden diesen akzeptieren . Einen verstärkten Holzeinschlag in Wäldern, um beispielsweise Heizkraftwerke zu betreiben, begrüßen lediglich 5%, 26% würden dies akzeptieren (ebd.). Der vermehrte Holzeinschlag erhält die niedrigsten Zustimmungsraten aller Maßnahmen, gefragt wurde auch nach Solaranlagen, Windparks auf dem Meer oder der Zunahme von Biogasanlagen.

Der hohe Stellenwert des Waldes und das romantische Waldbild der Deutschen werden daher sicherlich zu der hohen Ablehung von Windkraftanlagen im Wald beitragen.

Im Rahmen des Pre-Test war bereits die Vermutung aufgekommen, dass diejenigen, die sich an Windrädern stören, Waldgebiete mit Windrädern nicht mehr aufsuchen und auf andere Wälder ausweichen. Um diese Vermutung zu bestätigen, wurde die Umfrage nicht nur an den Windparks Knoten und Fuchskaute durchgeführt, sondern zusätzlich am Stoppelberg in Hessen. Dort stehen keine Windräder und es sind auch keine geplant.

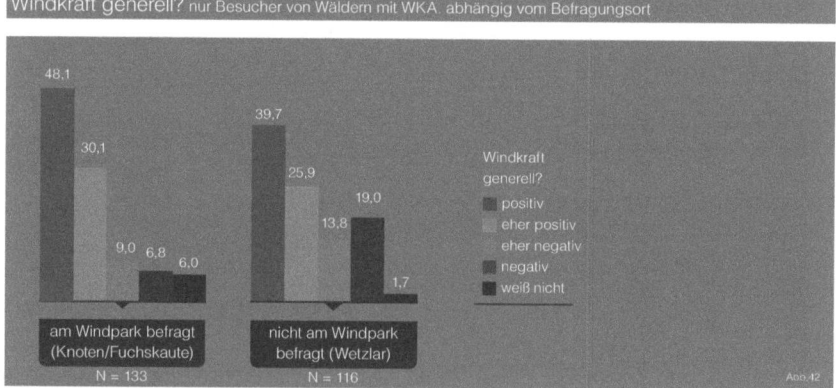

Abb. 41 Fragebögen von drei verschiedenen Befragungsorten

Um die Vergleichbarkeit zu erhöhen wurden für die folgenden Abfragen nur die Antworten der Personen ausgewertet, welche in letzter Zeit ein Waldgebiet mit Windkraftanlagen besucht hatten.

An beiden Befragungsorten war die Zustimmung deutlich höher als die Ablehung. In Wetzlar lehnen Windkraft aber mehr Personen (32,8%) ab, als am Windpark direkt (15,8%).

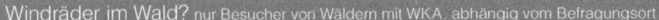

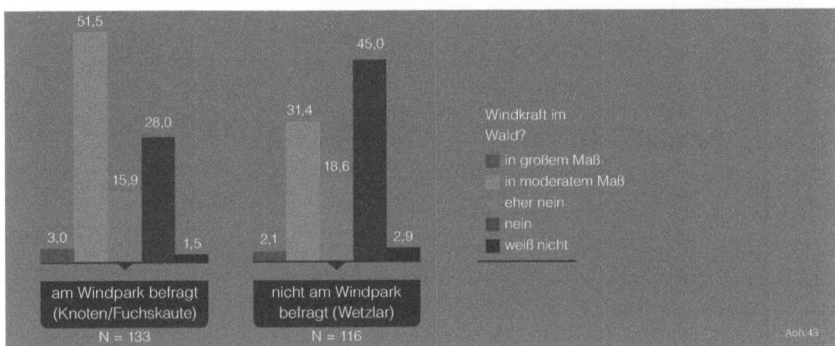

Am Windpark Befragte sind weitaus positiver (54,5%) eingestellt als die Befragten aus Wetzlar. Hier wünschen sich nur 33,5% Windkraft im Wald in großem oder moderatem Maß.

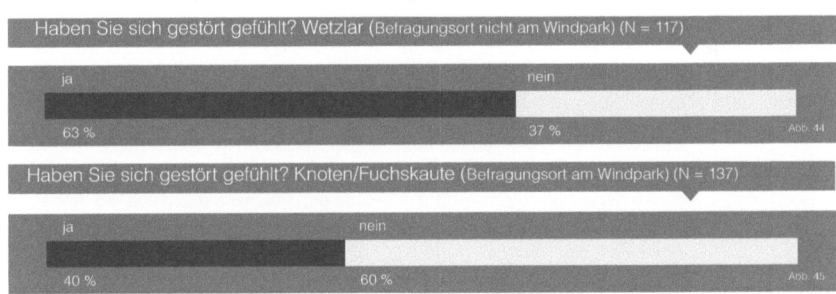

Auch in Hinblick auf die Frage ob man sich von den Windkraftanlagen gestört gefühlt haben, gibt es einen klaren Unterschied. In Wetzlar gaben 63% an, dass sie die Windkraftanlagen als störend empfunden hätten. An den Windparks Befragte fühlten sich nur zu 40% gestört.

Man kann zusammenfassen, dass in Wetzlar die Akzeptanz gegenüber der Windkraft generell zwar relativ hoch ist, aber dennoch niedriger als am Knoten und der Fuchskaute. Die Ablehung von Windrädern im Wald ist deutlich höher und es fühlten sich weitaus mehr Personen bei einem Waldbesuch von Windkraftanlagen gestört. **Die Zahlen bestätigen die Vermutung, dass bestimmte Gruppen Wälder mit Windkraftanlagen nicht mehr aufsuchen, da sie sich durch diese gestört fühlen.** Die Zahlen legen aber auch nahe, dass es Personen gibt, die sich zwar gestört fühlen, Wälder mit Windrädern aber trotzdem aufsuchen. Inwieweit also durch den Bau von Windkraftanlagen eine Art Verdrängungseffekt eintritt, sollte in Zukunft genauer untersucht werden. Idealerweise würde überprüft, wer zur Erholung die Gebiete aufsucht und aus welchen Gründen. Ebenso sollten die Verweildauer und die Aktivitäten vor Ort erfasst werden und woher die Erholungssuchenden kommen. Im besten Fall geschähe dies vor dem Bau eines Windparks, damit die selben Punkte nach dem Bau nochmals überprüft werden könnten. Dadurch ließe sich dann auch feststellen, ob es durch den Bau eines Windparks tatsächlich zu einer Verdrängung kommt und inwieweit sich Besucher zwar gestört fühlen, dies aber akzeptieren.

Empirische Untersuchungen von Tourismusforschungsinstituten haben inzwischen sogar hinreichend bewiesen, dass sich Windräder positiv auf den Tourismus auswirken. Windenergie-Anlagen sind sichtbare Zeichen des Klimaschutzes und des ökologischen Fortschritts. Für einige Gemeinden haben sich hieraus bereits positive „Mitnahme-Effekte" ergeben: Sie erleben einen erheblichen Imagegewinn, da es die meisten Urlauber befürworten, wenn an ihrem Ferienort aktiver Umweltschutz praktiziert wird. Informationsarbeit über die erneuerbaren Energien, verbunden mit Besichtigungstouren zu Windenergie-Anlagen bereichern hier das touristische Angebot und bescheren den interessierten Feriengästen ihr ganz spezielles Winderlebnis. (Bundesverband Windenergie:2014)

Den tatsächlichen Urheber für diese Aussage zu finden, ist nicht einfach, denn der zitierte Abschnitt taucht im gleichen Wortlaut auf den Internetseiten vieler Windenergie-Unternehmen auf, ohne dass eine Quelle genannt wird. Die spricht nicht für eine eigene, reflektierte Auseinandersetzung mit der Frage nach den Effekten von Windkraftanlagen auf die Erholung.

Natürlich sind positive Effekte denkbar und es gibt durchaus Beispiele. Häufig angeführt wird der dänische off-shore Windpark Nysted vor der Insel Lolland: "Viele Urlauber gehen auf Entdeckungstour zu Windparks, Ökobauern und Algenfarmen" (Firzlaff: 2013), in einem Info-Zentrum kann man sich über erneuerbare Energie informieren (ebd.). Generell wird gerne auf die touristisch vermarkteten Windparks im Norden verwiesen.

Inwieweit die Erkenntnisse von dort aber auf die Mittelgebirgslandschaft zu übertragen sind, bleibt offen. Dass ein Teil der Bevölkerung ein entsprechendes Angebot annehmen würde, zeigt das Ergebnis der Umfrage. 38% würden eine Art Info-Windpark besuchen, 38% würden ein solches Angebot ablehnen (vgl. 3_6).

Betrachtet wurden für diese Grafik nur die Personen, die in letzter Zeit ein Waldgebiet mit Windkraftanlagen besucht haben. Ausgewertet wurde getrennt nach der Frage, ob sie sich gestört fühlten. Der Anteil der Unentschlossenen sinkt in beiden Gruppen. Wer sich gestört fühlte, lehnt das Angebot eines Info-Besuches weitesgehend (55,9%) ab. Nur knapp ein Viertel (24,4%) würde trotzdem zu einem Windpark fahren. Wer sich nicht gestört fühlte, würde das Angebot größtenteils (56,4%) annehmen. Mehr als ein Viertel (27,4%) würden es jedoch trotzdem ablehnen.

Die Daten zeigen: Windräder können nur für einen Teil der Erholungssuchenden eine Attraktion darstellen. Zudem muss man bedenken, dass die Ablehnung gegenüber Windrädern im Wald relativ groß ist (vgl. 3_4). Es stellt sich die Frage: Assoziieren Urlauber und Erholungssuchende Windkraftanlagen als aktiven Umweltschutz oder als Eingriff in die (Wald)Natur? In Hinblick auf das noch immer romantische Waldbild der Deutschen wird sich hier keine eindeutige Antwort finden. Eindeutig sind jedoch die Zahlen. Sie zeigen, ein Teil würde sich den Windpark anschauen, an Führungen teilnehmen oder sich in einem Info-Zentrum umschauen. Doch welche Form von Erholung ist das? Gemäß der Umfrage zu Tourismus in den deutschen Mittelgebirgen suchen 86% vor allem Ruhe und Natur (CenTouris: 2013). Zudem stellte die Studie fest, dass Mittelgebirgsurlauber Stammkunden sind und häufig am selben Ort über Jahre Urlaube machen. Für die Naherholung trifft dies ohnehin zu. Wer nach der Arbeit oder am Wochenende mit dem Hund spazieren oder eine kurze Wanderung unternehmen will, hat meistens seine Präferenzen und will nicht unnötig weit fahren. Ein Windpark als technische Attraktion ist aber kein Ersatz für die landschaftsgebundene, regelmäßige Erholung. Vielmehr werden dadurch technik-affine Mileus angesprochen, die die Gelegenheit eher für einen einmaligen Ausflug nutzen werden.

Verwiesen sei an dieser Stelle noch auf mögliche positive Nebeneffekte, die sich durch den Bau eines Windparks für Erholung ergeben können. Am Windpark Knoten mussten zwar Langlauf-Loipen umgelegt werden, diese konnte aber unproblematisch im gegenseitigen Einverständniss umgelegt werden. Daher habe man auch "kein Problem mit den Windrädern" (Friedrich: 2013 zit.n. Jansen: 2013) versicherte Ralf Friedrich vom lokalen Skiclub, der in Sichtweite der Windräder zusätzlich einen kleinen Skilift betreibt. Seit dem Bau der Windräder bestehe aber die Möglichkeit die Hütten am Knoten an das Stromnetz anzuschließen. Bisher musste der Strom über Generatoren produziert werden (Lang: 2014).

Bereits während der Bauzeit waren vor allem an Wochenenden zahlreiche Besucher unterwegs, die sich nach eigenen Aussagen ein Bild vom Windpark machen wollten oder einfach selbst schauen wollten, was "da oben im Westerwald" so vor sich geht.

Die neu ausgebauten Wege werden zudem gerne von Wanderen und vor allem Mountainbikern

Abb. 48 unterwegs auf dem Westerwaldsteig am Knoten (Weiß, 2013)

genutzt. Der Windpark-Betreiber spielt zudem mit dem Gedanken eine kostenlose Ladestation für E-Bikes anzubieten (Koch: 2013)

Inwieweit solche Maßnahmen Sinn machen und angenommen werden, muss empirisch untersucht werden. Möglich und sinnvoll wäre sicherlich eine längere, begleitende Studie an mehreren Standorten.

Die Thematik Windkraft und Tourismus/ Erholung wurde bereits in einigen Studien untersucht. Allerdings gab es bisher keine Untersuchung zur Frage, ob sich Waldbesucher von Windkraftanlagen gestört fühlen. Im Folgenden wird diskutiert, inwiefern sich die Ergebnisse der Befragung von den Ergebnissen der bisher durchgeführten Studien unterscheiden.

Einflussanalyse Erneuerbare Energien und Tourismus in Schleswig-Holstein 2014

Für die Studie befragte das Institut für Tourismus- und Bäderforschung in Nordeuropa (NIK) im Auftrag der IHK Schleswig-Holstein 7.500 Personen. 6% der Befragten Schleswig-Holstein-Urlauber gab an, sich von Windkraftanlagen gestört gefühlt zu haben. 1% gab an wegen Windkraftanlagen, Solarflächen oder Biogasanlagen nicht wieder kommen zu wollen. Betrachtet man nur die 65%, die Windkraftanlagen wahrgenommen hatten, fühlten sich 9,2% gestört. (IHK Schleswig-Holstein: 2014)

Einflussanalyse Erneuerbare Energien und Tourismus in Mecklenburg-Vorpommern 2014

Die Studie wurde vom Landestourismusverband Mecklenburg-Vorpommern in Auftrag gegeben und ebenfalls vom NIK durchgeführt. Befragt wurden 6070 Personen, von denen 7,7% angaben sich durch Windkraftanlagen gestört gefühlt zu haben. 1,1% der Befragten gab an, die Region daher nicht mehr besuchen zu wollen. Betrachtet man nur die 45%, die Windkraftanlagen wahrgenommen hatten, fühlten sich 17% gestört. (Landestourismusverband Mecklenburg-Vorpommern: 2014)

Abb. 49 Urlauber am Strand in Blavand, Dänemark

Tourismus und Energiewandel in Deutschland am Beispiel Schwarzwald 2014

1000 Urlauber wurden im Schwarzwald nach dem Störfaktor eines Windrads befragt. In Auftrag gegeben wurde die Befragung vom Wirteverein Hochschwarzwälder Hotel & Gastronomie. Wirtschaftsinformatikstudentin Marle Wiesler der Universität Furtwangen führte die Befragung durch. Natur und Landschaft waren für 71,6% der wichtigste Beweggrund für einen Urlaub im Schwarzwald. Ein Drittel der Befragten fühlte sich von Windkraftanlagen gestört. 19% gaben an,dass sie der Lärm der Anlagen belästigt habe. (Wiesler: 2014)

Akzeptanzuntersuchung Eifel 2012

Die Befragung fand im Naturpark Nordeifel in 7 Gemeinden in statt und wurde vom Institut für Regionalentwicklung durchgeführt. Befragt wurden 1326 Personen. 12% der Befragten gaben an die Windkraftanlagen in der Eifel als *störend* oder *sehr störend* zu empfinden, 28% als *störend, aber akzeptabel* 59% empfanden sie als *nicht störend.* 6% gaben an bei zusätzlichen Windkraftanlagen in Zukunft auf einen Besuch in der Eifel zu verzichten. In Auftrag gegeben wurde die Studie vom Naturpark Nordeifel e.V.. Die hohe Akzeptanz zeige "deutlich, dass Tourismus und Windkraft grundsätzlich vereinbar sind" (IfR :2012)

Akzeptanz von Windenergieanlagen in deutschen Mittelgebirgen 2012

Für diese Studie wurden 977 zufällig ausgewählte Personen in ganz Deutschland zu ihrem Urlaubsverhalten in deutschen Mittelgebirgen und ihrer Einstellung zur Windkraft befragt. Auftraggeber war der Bundesverband Deutsche Mittelgebirge e.V. , durchgeführt wurde die Umfrage vom Centrum für marktorientierte Tourismusforschung der Universität Passau. Als Motiv für einen Besuch im Mittelgebirge gaben 90% *Entspannung* und 86% *intakte Natur und Landschaft* an. Die generelle Akzeptanz von Windkraft war sehr hoch (72%). 31% der Befragten lehnte eine Zunahme von Windkraftanlagen in deutschen Mittelgebirgen ab. Für 26% "würde ein Urlaubsaufenthalt (...) in dieser Region nicht mehr in Frage kommen, wenn sich Windenergieanlagen an Aussichtspunkten oder entlang von Rad- und Wanderwegen befinden (würden)" (CenTouris: 2013).

Akzeptanzuntersuchung Schweiz 2013

In Kooperation mit der Universität St.Gallen befragte das Institut für Psychlogie der Universität Halle-Wittenberg 467 Anwohner von Windkraftanlagen in der Schweiz. Die Befragten wohnten im Umkreis von bis zu 5km zu mindestens einer Windkraftanlage. 78% befürworteten Windkraft, 6% waren negativ eingestellt. Grundsätzlich ließ sich feststellen, dass die Ablehnung durch die Sichtbarkeit der Anlagen leicht anstieg.
Die Befragten gaben mehr Vor- als Nachteile an. Genannt wurden *Klimaschutz, Unabhängigkeit von Stromimporten,* und *der Ausstieg aus der Kernkraft.* Geäußerte Nachteile waren *Beeinträchtigung des Landschaftsbilds* sowie *der Vögel und Fledermäuse.*
76% fühlten sich durch die Windkraftanlagen nicht oder kaum belästigt, 18% mittel bis sehr stark. 10% störten sich an der Hinderniskennzeichnung, 6% am Schattenwurf, 7% an der Drehbewegung der Rotoren. (Hübner: 2013)

Die Studien des NIK werden von Windkraftbefürwortern häufig angeführt, um die Vertrgäglichkeit von Windkraftanlagen und Tourismus zu bescheinigen. Nicole Knudsen, Leiterin des BWE Landesbüros Schleswig-Holstein kommentiert beispielsweise, „die Studie hat zur Versachlichung der Diskussion beigetragen und deutlich gemacht, dass es keine Konflikte zwischen den beiden Kernbranchen Tourismus- und Energiewirtschaft gibt" (Knudsen 2014 zit.n. Augustin 2014).

Allerdings können die Ergebnisse nicht per se als Argumentation für den Ausbau der Windenergie in Süddeutschland dienen. Das NIK befragte Nord- und Ostseeurlauber, die Mittelgebirge sind aber häufig auch Ziel von Tagesausflüglern und dienen der Naherholung. Das wird auch dadurch deutlich, dass Studien zu Windkraftanlagen in Mittelgebirgen zu anderen Ergebnissen kommen. Eine Studie, die im Schwarzwald durchgeführt wurde, ergab, dass sich 19% der Befragten gestört fühlten (Wiesler: 2014 zit. n. Südkurier: 2014). In der Eifel gaben 12% der Befragten an Windräder als störend oder sehr störend zu empfinden. 28% gaben an, dass Windräder stören, sie dies aber akzeptieren. 6% würden bei mehr Windrädern auf einen weiteren Besuch in der Eifel verzichten (IfR: 2012). Eine Studie zur Akzeptanz von Windenergieanlagen in deutschen Mittelgebirgen 2012 kam zu dem Ergebnisse, dass 26% eine Region nicht mehr im Urlaub aufsuchen würden, wenn entlang von Wander- und Radwegen Windräder stehen würden (CenTouris: 2013). Offensichtlich fühlen sich Erholungssuchende in Mittelgebirgen von Windkraftanlagen eher gestört als an der Küste.

In der hier durchgeführten Befragung gaben 52% der Befragten an, sich bei einem Waldbesuch von Windkraftanlagen gestört gefühlt zu haben. Der Wert liegt im Vergleich zu anderen Studien sehr hoch. Das kann verschiedene Gründe haben. Zum einen kommen die Befragten überwiegend aus der Region und wohnen in der Nähe der Befragungsorte. Gestört fühlten sich die Befragten bei der Naherholung und nicht im Urlaub wie bei der Studie des NIK. Die Befragung in der Eifel untersuchte sich haupsächlich Auswärtige und nicht Einheimische (IfR, 2013). Für die Studien Eifel und Schwarzwald wurde zudem nach Windkraftanlagen in einem Landschaftsraum gefragt und nicht spezifisch nach Windkraftanlagen im Wald.

Es lässt sich festhalten, dass Windkraftanlagen im Mittelgebirge von mehr Personen als störend empfunden werden, als an der Küste. Von Windkraftanlagen in Waldgebieten fühlen sich wiederum noch mehr Menschen belästigt.

Nur 2,5% der befragten Besucher wünschen sich im Wald Windkraftanlagen *in großem Maß* (vgl. 3.4). Der bei weitem überwiegende Teil der Befürworter gab an, den moderaten Ausbau im Wald zu fokussieren. Was bedeutet aber in diesem Zusammenhang *moderat*? In Hessen befinden sich 80% der Vorrangflächen für Windkraft in Waldgebieten (Regierungspräsidum Gießen: 2012). Da nur 2% der Landesfläche als Vorrangfläche ausgewiesen werden, komme es nicht zu der befürchteten *Verspargelung* (ebd.). Die 2% geben allerdings lediglich die Fläche an, innerhalb derer ein Windpark errichtet werden soll. Für Hessen sind das 10.600ha. Flächen von unter 15ha eignen sich nicht, die durchschnittliche Größe eines Vorranggebiets in Mittelhessen liegt bei 123ha (ebd.) 2% hört sich im ersten Moment nach nicht sehr viel an und von verschiedenen Seiten wird diese Zahl auch als sehr klein dargestellt. Die Grüne Landstagsabgeordnete Angela Dorn verweist dabei auch auf den Wert von Waldflächen. In einem Interview mit der FAZ sagt sie: "Natürlich haben Wälder für sich einen Wert, und genau deshalb sollen 98 Prozent der Landesfläche von Windrädern frei bleiben"(Dorn: 2014). Sind die 2% also ein moderater Ausbau? Wirft man einen Blick in die Karten der Region-alpläne wird ersichtlich, dass die geplanten Vorrangflächen relativ gleichmäßig über Hessen verteilt sind. Doch die Wirkung eines Windparks endet nicht an der Grenze, die der Regionalplan beinhaltet.

Windkraftanlagen wirken über den "unmittelbaren Nahbereich hinaus" (Regierungspräsidium Gießen: 2012). Noch in 1000m Entfernung kann mit einer Schallimission von über 30dB gerechnet werden (DStGB: 2012), die Auswirkungen auf das Landschaftsbild reichen weiter und können je nach Auffassung des Betrachters mehrere Kilometer weit das Landschaftsbild beeinflussen. Die beeinträchtigte Fläche liegt daher mit großer Wahrscheinlichkeit über den 2%, die als Vorrangfläche ausgewiesen werden. Ob der Ausbau dann auch noch als moderat angesehen wird, ist nicht sicher. Zudem beantworteten die Personen die Frage im Hinblick auf den status quo. Bei einer Zunahme vom Windkraftanlagen könnte sich die Zustimmung ändern. So gibt es um Wetzlar herum beispielsweise erst einen Windpark mit 7 Anlagen. Möglich wären laut Regionalplan aber mehrere Windparks mit dutzenden Windkraftanlagen.

Es besteht daher Forschungsbedarf zu dem Thema wie ein moderater Ausbau aussehen kann und wie sich die Akzeptanz bei einem stetigen Ausbau der Windkraft entwickelt.

Abb. 50 Geplante Vorrangflächen um Wetzlar. Fast ausschließlich in Wäldern. Ausschnitt aus dem Entwurf Teilregionalplan Energie Mittelhessen (Regierungspräsidium Gießen, 2012)

5_ Fazit

Abb. 51 Spaziergänger am Knoten (Weiß, 2014)

Die Studie zeigt: Die Akzeptanz für Windkraft generell ist sehr hoch, baut aber hauptsächlich auf der Ablehnung der Atomkraft auf. Windkraftanlagen im Wald genießen keine große Akzeptanz in der Bevölkerung. Nich tnur Windkraftgegner lehnen Windräder in Wäldern ab, auch unter Befürwortern gibt es keine große Mehrheit für den Ausbau im Wald. Zwar deuten die Ergebnisse darauf hin, dass ein Besuch in Wäldern mit Windkraftanlagen zu einer leicht erhöhten Akzeptanz führt, gleichzeitig werden Personen aber auch in ihrer ablehnenden Haltung bestätigt. Unter den Befragten gibt es durchaus ernst zu nehmende Sorgen, besonders im Hinblick auf die Veränderungen des Land-schaftsbildes.

Über die Hälfte der Befragten fühlte sich bei einem Waldbesuch von Windkraftanlagen gestört. Im Hinblick auf die Rolle der Wälder für die Naherholung und den Tourismus kann dies als alarmierende Zahl gewertet werden. Direkt am Windpark waren die Befragten der Windkraft im Wald zwar relativ positiv eingestellt, in der Stadt war die Ablehung dafür besonders hoch. Auch deshalb lassen die Ergebnisse die Vermutung zu, dass Windräder im Wald bestimmte Milieus in ihrer Erholung derart stören, dass es zu einem Verdrängungseffekt kommt. Diese Vermutung muss dringend durch weitere Studien untersucht werden.

Abschließend sei darauf hingewiesen, dass die vorliegende Studie den status quo abbildet. In der Umgebung der Befragungsorte ist der Ausbau der Windkraft im Vergleich zum norddeutschen Raum noch nicht sehr weit fortgeschritten. Wenn der geplante Ausbau statt findet, könnten sich die Akzep-tanzwerte sowohl positiv, als auch negativ verändern. Entsprechende Untersuchungen sollten daher fortlaufend durchgeführt werden.

LITERATURVERZEICHNIS

Agentur für Erneuerbare Energien (Hg.) (2014). *Anteil der Windstromerzeugung an der Bruttostromerzeugung 2012*
Zugriff 23/9/2014 www.foederal-erneuerbar.de/landesinfo/kategorie/wind/bundesland/RLP/auswahl/511-anteil_der_windstrom/sicht/diagramm/#goto_511

Augustin, Silvia (2014). *Erneuerbare Energien und Tourismus: Chance oder Risiko?*
Zugriff 23/9/2014 über: http://www.windwaerts.de/de/blog/detail/erneuerbare-energien-und-tourismus-chance-oder-risiko.html

Bundesamt für Naturschutz (Hg.) (2011). *Windkraft über Wald - Positionspapier des Bundesamtes für Naturschutz*
Zugriff 23/9/2014 über: http://www.bfn.de/fileadmin/MDB/documents/themen/erneuerbareenergien/bfn_position_wea_ueber_wald.pdf

Bundesministerium für Umwelt, Naturschutz, Bau und Reaktorsicherheit (BMUB) (Hg.). 2013. Naturbewusstsein 2013. Bevölkerungsumfrage zu Natur und biologischer Vielfalt. Rostock: Publikationsversand der Bundesregierung

Bundesverband Windenergie (Hg.). (2013). *Windenergie und Tourismus passen gut zusammen*
Zugriff 23/9/2014 über www.wind-energie.de/en/node/2689

Centrum für marktorientierte Tourismusforschung der Universität Passau (Hg.). Projektleiterin: Fuchs, Marina. (2012). *Akzeptanz von Windenergieanlagen in deutschen Mittelgebirgen.*
Zugriff 15/9/2014 über www.ihk-kassel.de/down/457734A6-9481-7357-3B4F940E34A3C3B6

Deutscher Städte- und Gemeindebund (2012) (Hg.). *Dokumentation Nr. 111. Kommunale Handlungsmöglichkeiten beim Ausbau der Windenergie - unter besonderer Berücksichtigung des Repowering.* Verlag Winkler&Stenzel

Euler, Ralf (2013). Grünen-Abgeordnete Angela Dorn „Wälder brauchen Windräder" *Frankfurter Allgemeine Zeitung.*
Zugriff 23/9/2014 über www.faz.net/aktuell/rhein-main/gruenen-abgeordnete-angela-dorn-waelder-brauchen-windraeder-12144822.html

Firzlaff, Eva (2013). *Windräder als Attraktion. Grüne Ferien auf Lolland*
Zugriff 15/9/2014: www.deutschlandfunk.de/windraeder-als-attraktion.1242.de.html?dram:article_id=243382

Grüne Kreisverband Aachen (Hg.). (2011). *Der Windpark im Münsterwald. Fakten und Hintergründe.*
Zugriff 19/9/2014 über windpark-himmelsleiter.de/wp-content/uploads/2011/03/Faltblatt_Windpark_Münsterwald.pdf

Institut für Regionalmanagement (Hg.). Bearbeiter: Gehlen, Christina; Glass, Pascal u.a. (2012). Besucherbefragung zur Akzeptanz von Windkraftanlagen in der Eifel.
Zugriff 15/9/2014 über www.naturpark-eifel.de/data/inhalt/Bericht_IfR_Akzeptanz_von_Windkraftanlagen_in_der_Eifel_(c)_Naturpark_Nordeifel_1377678612.pdf

Hochschwarzwald Tourismus GmbH (Hg.). (2013). *Stellungnahme der Hochschwarzwald Tourismus GmbH an den Planungsverband Windenergie im Hochschwarzwald*
Zugriff 15/9/2014 über http://www.hochschwarzwald.de/Partnernet/Stellungnahme-der-Hochschwarzwald-Tourismus-GmbH-an-den-Planungsverband-Windenergie-im-Hochschwarzwald

Hübner, Gundula ; Löffler, Elisabeth (2013). *Wirkungen von Windkraftanlagen auf Anwohner in der Schweiz: Einflussfaktoren und Empfehlungen. Abschlussbericht.* Halle

Zugriff 5/9/2014 über www.bfe.admin.ch/themen/00490/005000/index.html

Jansen, Kathrin (23/01/2014). Langläufer müssen weichen. *Weilburger Tageblatt*

Michael Koch (2013). Geschäftsführer Herman Hofmann Gruppe. Windparkprojektierer. Gespräch mit dem Verfasser. August 2013

Lafontaine, Oscar. (12/12/2013). Wie Windräder die Umwelt zerstören. Gastbeitrag. *Frankfurter Allgemeine Zeitung*. Nr. 289, S. 27

Lang, Paul (2013). Vorsitzender Skiclub Weilburg. Gespräch mit dem Verfasser. Januar 2014

Lehmann, Albrecht (2001). Der deutsche Wald. In Etienne François, Hagen Schulze (Hg.). *Deutsche Erinnerungsorte*, Bd. 3 (S.187-200). München: Verlag C.H. Beck

Ministerium für Wirtschaft, Klimaschutz, Energie und Landesplanung Landesentwicklungsprogramm Rheinland Pfalz (2008). Landesentwicklungsprogramm (LEP IV)
Zugriff 5/9/2014 über www.mwkel.rlp.de/Landesplanung/Programme-und-Verfahren/Landesentwicklungs-programm-LEP-IV/broker.jsp?uMen=5e9c6d51-6301-467e-92eb-2dacd1f00f6f

Rettet den Taunuskamm e.V. (Hg.). (2014). *Bürgerbegehren für die Erhaltung des Landschaftszuges und Erholungsgebietes Taunuskamm!* Zugriff 15/9/2014 über http://www.rettet-den-taunuskamm.de

Regierungspräsidium Gießen (2012) (Hg.). *Teilregionalplan Energie Mittelhessen - Entwurf zur Anhörung und Offenlegung* Zugriff 15/6/2014 über http://www.energieportal-mittelhessen.de/fileadmin/image/Teilplan_Energie/Teilregionalplan_Energie_-_Textteil.pdf

Rothaarwind GmbH (Hg.). (o.J.). Windenergie: hässlich oder sympathisch?
Zugriff 23/9/2014 über www.rothaarwind.de/windenergie/mod_content_page/seite/windenergie_landschaft/s_nr/3/ocs_ausgabe/rhw_druck/index.html

Stern, Horst (21/6/1996). Die Landschaften Ostdeutschlands. Folge 1: Die Vorpommersche Boddenlandschaft. *Die Zeit*.
Zugriff 5/9/2014 über www.zeit.de/1996/26/bodden.txt.19960621.xml

Thielsch, Meinald; Lenzner, Timo; Melles, Torsten. (2012). Wie gestalte ich gute Items und Interviewfragen?. In: Thielsch, Meinald; Brandenburg, Torsten (Hrsg.) *Praxis der Wirtschaftspsychologie II. Themen und Fallbeispiele für, Studium und Anwendung*. Münster: MV Wissenschaft

Weilacher, Udo (2006). Bildwelten in Bewegung. In: Franzen, Brigitte; Krebs, Brigitte (Hg.). *Mikrolandschaften/Microlandscapes. Landscape Culture on the Move* (S. 184-199). Köln: Gegenwartskunst + Theorie

Wiesler, Marli (2014). *Tourismus und Energiewandel in Deutschland am Beispiel Schwarzwald – beeinflusst die Aufstellung von Windkraftanlagen die Entscheidung von Urlaubern*. Projektarbeit. Hoschule Furtwangen. Fakultät Wirtschaftsinformatik. Zugriff 15/10/2014 über http://www.hs-furtwangen.de/fileadmin/user_upload/Fakultaet_WI/Dokumente/Studium/Windkraft_im_Schwarzwald.pdf

Wippermann, Carsten; Wippermann Katja. (2010). *Einstellung der Deutschen zum Wald und zur nachhaltigen Waldwirtschaft*. Bielefeld: Bertelsmann

Abbildungsverzeichnis

Alle Aufnahmen stammen vom Autor, sofern sie nicht anders gekennzeichnet sind.

Abkürzungen

BWE Bundesverband Windenergie

BMUB Bundesministerium für Umwelt, Naturschutz, Bau und Reaktorsicherheit

DTV Deutscher Tourismus Verband

LEP IV Landesentwicklungsprogramm IV Rheinland-Pfalz

NIK Institut für Tourismus- und Bäderforschung in Nordeuropa

Fragebogen: Windkraft und Erholung

Der Vollzug der Energiewende ist deutschlandweit politischer und insgesamt auch gesellschaftlicher Konsens, daher müssen noch zahlreiche Winkraftanlagen gebaut werden. Insbesondere in den waldreichen Bundesländern wie Hessen oder Rheinland-Pfalz werden zunehmend auch Waldstandorte für Windparks in Anspruch genommen.

Mit Hilfe dieses Fragebogens soll untersucht werden, welche Auswirkungen Windkraftanlagen im Wald auf die Erholung haben. Der erste Frageblock behandelt Ihr generelles Freizeitverhalten im Wald, im zweiten Teil geht es um Ihre Einstellung zur Windkraft.

Die Ergebnisse werden im Rahmen einer Bachelor-Arbeit am Institut für Landschaftsarchitektur und Umweltplanung an der TU Berlin ausgewertet werden.

Ort der Befragung:

Geschlecht:　▢ w　▢ m

Alter:

Wohnort:

Erholung im Wald

Bitte beantworten Sie einige Fragen zu ihrem persönlichem Freizeitverhalten im Wald.

Welche Bedeutung hat der Wald in Ihrer Freizeit/ für Ihre Erholung?

▢ eine große
▢ eher eine große
▢ eher eine kleine
▢ eine kleine

David Weiß. Wind im Wald: Auswirkungen von Windkraftanlagen auf die Erholungsfunktion von Landschaft.
TU Berlin. Institut für Landschaftsarchitektur und Umweltplanung. Fachgebiet Umweltprüfung und Umweltplanung

---

Waren Sie in letzter Zeit in einem Waldgebiet, in dem Windräder stehen?

▢ ja
▢ nein

Wenn ja, haben Sie die Windräder wahrgenommen?

▢ ja
▢ nein

Fühlten Sie sich durch die Windräder gestört?

▢ ja
▢ nein

Wenn ja, was hat Sie gestört?:

Würden Sie zu einem Windpark fahren, wenn dort zusätzliche Informationen zum Thema Windenergie angeboten werden? (Infotafeln, Führungen etc?)

▢ ja
▢ nein
▢ weiß nicht

vielen Dank für Ihre Teilnahme!

David Weiß. Wind im Wald: Auswirkungen von Windkraftanlagen auf die Erholungsfunktion von Landschaft.
TU Berlin. Institut für Landschaftsarchitektur und Umweltplanung. Fachgebiet Umweltprüfung und Umweltplanung

Windkraft im Wald

Wie stehen Sie der Windkraft als erneuerbarer Energie generell gegenüber?

- ☒ positiv
- ☒ eher positiv
- ☒ eher negativ
- ☒ negativ
- ☒ weiß nicht

Welche Argumente haben Sie persönlich für den Bau von Windkraftanlagen?

_____

_____

Welche Argumente haben Sie persönlich gegen den Bau von Windkraftanlagen?

_____

_____

Sollten auch in Waldgebieten weitere Windkraftanlagen gebaut werden?

- ☒ ja in großem Umfang
- ☒ ja in moderatem Maß
- ☒ eher nicht
- ☒ nein
- ☒ weiß nicht

Wie oft suchen Sie den Wald durchschnittlich zur Erholung auf?

- ☒ (fast) täglich
- ☒ mehrmals pro Monat
- ☒ mehrmals pro Woche
- ☒ mehrmals pro Jahr
- ☒ weiß nicht

Wieso suchen Sie den Wald zur Erholung auf?

_____

_____

Welchen Aktivitäten gehen Sie im Wald nach?

- ☒ Wandern/ Spazieren
- ☒ Erholen/ Entspannen
- ☒ Sport treiben
- ☒ sonstiges:

Mit wem verbringen Sie im Wald ihre Freizeit?

- ☒ alleine
- ☒ mit Freunden
- ☒ mit dem Partner
- ☒ mit der Familie
- ☒ sonstiges:

Printed by Books on Demand GmbH, Norderstedt / Germany